四时花草逐时新

一百零五种花语及故事

[日]稻垣荣洋 著　[日]小林达也 绘
何岑蕙　丁宇宁 译

中国画报出版社·北京

是花草，让我们感知季节的变换，让我们拥有丰富的情感。

美丽的植物不仅能给人们带来视觉上的享受，也承载着古今各国人民创作出的种种神话故事。

读完这些故事，你或许就会改变过去对花草的印象，并迫不及待地把它们一个一个讲给人听。

夜晚入梦前、欲使心灵得到休憩时、想让心情变得阳光时——

这些时候最适合阅读本书。

在书中，我一共收集了一百零五种花草的手绘插画和相关故事。

目录

第一章 野外常见花草

第二章 园艺常见花木

第三章

花店常见花草

第一章

野外常见花草

001

阿拉伯婆婆纳①

Veronica persica

玄参科

【花期】早春

【花语】信赖、神圣、清纯

得名于一位向耶稣递上手帕的女子

高考后的那一日，我走在回家路上，看到了几株阿拉伯婆婆纳。

为什么我走去考场时没有注意到它们呢……

尚且是吹面仍寒的天气，它已盛开花朵。

这种原产自欧洲的植物，昭告着春天的脚步已经临近。

它的学名“Veronica”（维洛尼卡），正是耶稣走向刑场时，为他递上手帕的那位女子之名。

传说，擦过汗水的手帕上，竟奇迹般浮现出耶稣的真容。

这花的容颜，亦酷似耶稣的面孔。

从此以后，它便有了维洛尼卡这个名字。

①在中国的花语：健康、青春。别名星之瞳、灯笼草。——译者注（本书注解，如无特别说明，皆为译者注。）

002

蜂斗菜①

Petasites japonicus

菊科

花期 春

花语 期望、可爱、表里如一

柔软叶片的使用之道……

日本的常见调味料冬花味噌，便是用蜂斗菜开出的花制成的。

蜂斗菜可分为雄株和雌株，花蕊呈黄色的是雄株，呈白色的是雌株。

它的叶片宽大，能聚雨水；叶柄有槽，能通流水。

在日语中，蜂斗菜的汉字名写作“蕗”，这个名字从何而来，尚无定论。

听说它的叶片柔软，人们常用来擦屁股，日语中，“擦”音同“蕗（ふき）”，故而得名。

这故事是真是假，只能见仁见智吧。

①在中国的花语：公平。别名蛇头草、蜂斗叶。

003

鼠曲草①

Gnaphalium affine

菊科

《花期》春至初夏

《花语》时常想念、温柔之人、永恒思念、温暖心情、无价之爱

女儿节[2]前后，似有绿意点点

“水芹、荠菜、母子草、繁缕、佛座、芜菁、萝卜”——

很多人都听说过春之七草[3]中的“母子草”，但在植物图鉴中，它的正式名称却是鼠曲草。

在日语中，鼠曲草的汉字名是“御形”，意为人偶。

日本古时曾有流放人偶以消灾祈福的习俗。

每逢女儿节，人们都会将人偶放入河中，任其漂走，带走厄运。

“御形”之名，大约就是源自这古时女儿节的风俗。

与女儿节颇有渊源。

旧时女儿节做菱饼，就是用鼠曲草作材料。

鼠曲草叶密生绒毛，混入饼中便生出黏性。

鼠曲草本因身覆绒毛而被称为“苞子草”；

后又因身姿温暖柔软而被改称为“母子草”。

后来，人们觉得将“母子”一同捣碎不太吉利，不知何时起，便不再用鼠曲草来做女儿节菱饼了。

①在中国的花语：纯真、敏锐。别名鼠曲草、清明菜。

②女儿节：日本传统节日。本来在农历的三月三日，后改为西历三月三日，源于中国唐代上巳节。

③春之七草：日本古典文学中提到的七种代表春天的花草。

004

堇①

Viola mandshurica

堇菜科

花期 春

花语 小小的爱、谦虚、谨慎深沉、诚实、小小的幸福

花朵究竟为何绽放?

花朵，到底是为了什么而盛开?

即使在无人注意、毫不显眼的角落，也会有野花悄然绽放。

曾有人向成就斐然、被誉为天才数学家的冈洁问道：“你的研究对人类来说，究竟有什么用?”

那时，冈洁如是回答道：“堇，只要像堇一样盛放就足够了。”

人们总是在寻找意义，追问：“为了什么?”“有什么用?”

随即落入“人到底为何而生?”“我活着有什么用?”的陷阱，苦苦求解却终无所得。

然而，意义其实并不重要。

春天既到，堇自盛开。

堇花盛开只有一个理由，那便是“它是一株堇”。

仅此而已。

堇，只是作为堇而盛开。

也正因如此，堇才能绽放出美丽的花朵。

①即东北堇菜。在中国的花语：小小的爱、小小的幸福。

005

油菜花①

这也是油菜花，那也是油菜花

植物图鉴里写道："世上并没有一种叫作油菜花的植物。"

油菜花的日文名称意为"菜之花"，它是十字花科黄色花朵的总称，并不是专指某一种植物。

人们将这些不知具体品种的黄色花朵统称为"油菜花"(菜之花)。

走在堤坝和空地上，总能见到西洋芥子菜和欧洲油菜之类外来植物；看一眼春天的田垄，冬日里尚未收获的小松菜和白菜正在绽放花朵；圆白菜也不甘落后地摊

Brassica
十字花科
〖花期〗春
〖花语〗快活、明亮

开圆叶，把鲜艳的花朵展现在世人眼前。

——这些都是油菜花。

油菜花，月升东方，日已偏西。

与谢芜村[2]在俳句里咏叹的，正是可用来榨取灯油的油菜。

油菜花田里，日色渐淡……

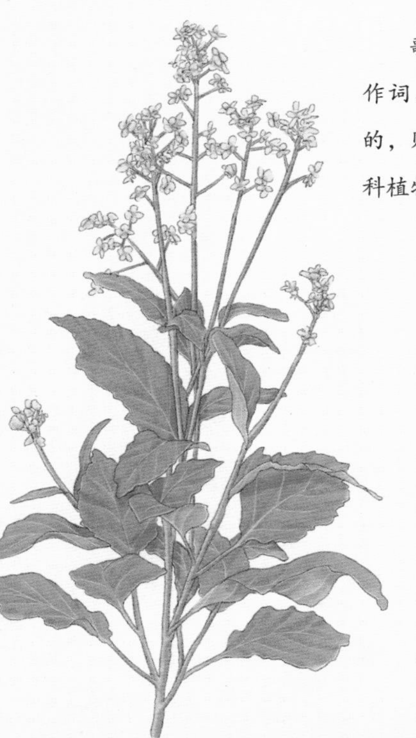

歌曲《胧月夜》(高野辰之作词、冈野贞一作曲）里唱到的，则是用于收获菜籽的十字花科植物野泽菜（日本芥菜)。

①在中国的花语：无私奉献、青春活泼。别名芸薹。

②与谢芜村：日本俳句一代宗匠。

006

荠菜①

以爱之名

在日本，荠菜有一个别名“砰砰草”。

它三角形的果实，看起来就像三味线②的拨子，于是人们便用三味线发出的“砰砰”声为它命名。

如果一个人不思进取，人们就会嘲笑他“屋顶上都长出砰砰草了”；

Capsella bursa-pastoris

十字花科

花期 春至初夏

花语 献出所有

如果他继续自甘堕落，人们就会讥讽他“连砰砰草都长不出来了”。

但是，请你千万不要小瞧荠菜。

荠菜的日文名称意为“爱之菜”。

而荠菜的名称中之所以带有“菜”字，则是因为它曾作为叶菜供人食用。

①在中国的花语：为你献上我的所有。别名地米菜。

②三味线：日本传统乐器，起源于中国的三弦。

007

圆齿碎米荠①

Cardamine scutata

十字花科

【花期】春

【花语】父亲的失策、胜利、不屈之心、热情、热烈、炽热的念想

日历出现前的时令标志

虽然乍看之下，圆齿碎米荠与荠菜外形相似，但圆齿碎米荠的果实细长，由此便可轻易将二者区分开来。

过去，它多生长在湿润之所，但近来我们也时常能在干燥的路沿看到名为碎米荠的外来品种。

至于它日文名称的由来，很多人都误以为它是因结种量大而得名，但其实它是因花期正逢水稻浸种[2]而得名。[3]

在日历尚未出现的年代里，圆齿碎米荠就成了敦促人们播种水稻的时令标志。

①在中国的花语：热情。

②水稻浸种：农业种植的一项流程，浸种的目的是促进种子较早发芽。

③圆齿碎米荠日文名称的由来：圆齿碎米荠的日文名称与『结种花』和『浸种花』两个词均读音相同，故有文中提到的争议。

008

蒲公英①

Taraxacum

菊科

【花期】早春

【花语】爱的承诺、别离、真爱

“五体投地”，竟是为了他人

你可曾听说过“蒲公英体操”？

众所周知，蒲公英是会做体操的。

在开花时，蒲公英的花茎笔直伸展；但花谢后，它的花茎便倒伏向地面；而待到种子成熟时，花茎便会再次奋而立起，比之前挺立得还更高些。

花茎的这番动作，被人们称作“蒲公英体操”。

花茎伸展得越高，绒毛状的种子就能乘风飞得更远。

可在种子成熟前，花茎倒伏，五体投地，又究竟是为了什么呢？

个中缘由，我总也想不明白。

有人说，这是为了在珍贵的种子成熟前，保护植株不被强风吹倒。

也有人说，这是花期已经结束的花朵在主动“谢幕”，只为把舞台留给其他花朵，让更多昆虫替那些仍在盛开的花朵传粉。

不论怎么说，蒲公英的“五体投地”都不是为了自己，而是为了他人。

①在中国的花语：开朗、无法停留的爱。

009

蛇含委陵菜①

Potentlilla anemonifolia

蔷薇科

花期 仲春至初夏

花语 顽强

这种骇人药草的真面目是什么？

日本落语②《荞麦清》中有这样一个场景：某日山中，一条大蛇生吞了活人，腹胀不止。

可在舔舐过一种草药后，它的肚腹立马瘪了下去。

有个男人刚巧碰见了这一幕，遂采了些草药回去，又与人立了赌局，比试多食荞麦面。

男人很快吃撑，来到屏风后想休息一会儿。

众人觉得奇怪，便打开了屏风。

只见屏风后空无一人，只剩下一堆披着羽织[3]的荞麦面。

原来男人带回的，是一种能把人溶化的药草。

我不知道故事里这种骇人药草的真面目究竟是什么，只知道人们都叫它“蛇含草”。

而蛇含委陵菜的别名正是“蛇含草”。

当然，蛇含委陵菜是不能把人给溶化的。

①在中国的花语：光亮、光明。因其叶片较小且形似龙牙，又有一别名小龙牙。

②落语：日本的传统曲艺形式之一，起源于江户时代（1603—1867），与中国传统的单口相声相似。

③羽织：日本传统服装之一，作为防寒服、礼服等使用，一般穿在和服外，类似大衣。

010

问荆①

误闯入三亿年前的地球

问荆的植株上，有一形状可爱、酷似笔头的部分，那便是用来释放孢子的孢子茎。②

问荆是一种不开花的蕨类植物，故而孢子茎对问荆发挥的作用，就相当于花对开花植物发挥的作用。

Equisetum arvense

木贼科

【花期】春（孢子茎部分）

【花语】上进心、惊喜

在约三亿年前的石炭纪，问荆的近缘植物曾在地球上繁茂生长。

它们高达数十米，连成片片森林。

如果你愿意躺在地上仰视问荆，或许就能感受到一种误闯入古生代森林的氛围。

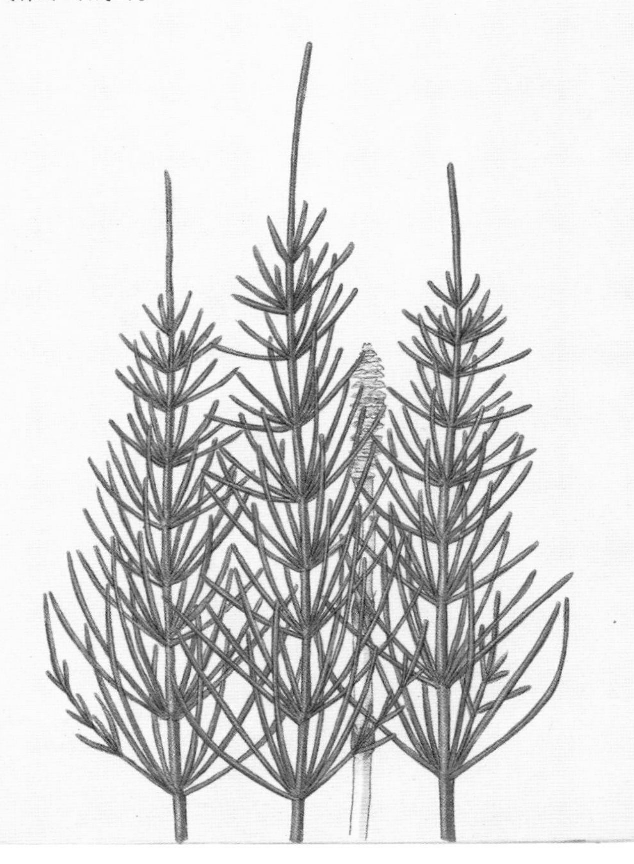

①在中国的花语：进取心、努力。别名节节草。

②孢子茎：问荆的地上茎可分为两种。首先萌发的为孢子茎，孢子茎枯萎后萌发的为营养茎。

011

野艾①

Artemisia indica var. *maximowiczii*

菊科

【花期】初秋

【花语】幸福、坚定不离、夫妻之爱

如何解决“头顶的烦恼”？

野艾的叶片背面之所以会呈现白色，是因为上面覆盖着一层绵密的绒毛。

野艾曾被用作草饼的原料。

但最开始时它却只是草饼中的黏合剂——

人们发现这些缠绕在一起的绒毛能让草饼生出黏性，于是将野艾的叶子作为黏合剂加入草饼之中。

如果你用显微镜观察野艾的绒毛就会发现，每根绒毛都会在中间一分为二。

野艾大概也是想让自己的绒毛变得更多吧。

①在中国的花语：和平。别名魁蒿、艾蒿（《诗经》）、冰台（《尔雅》）。

012

绶草①

美丽的螺旋，旋向哪边?

草坪上那些开着粉色可爱花朵的杂草就是绶草。

虽说是杂草，但它也是兰花的近缘植物。

如果你仔细端详一株绶草，就会发现它的花朵其实也非常美丽。

Spiranthes sinensis var. *amoena*

兰科

花期 仲春至夏

花语 仰慕

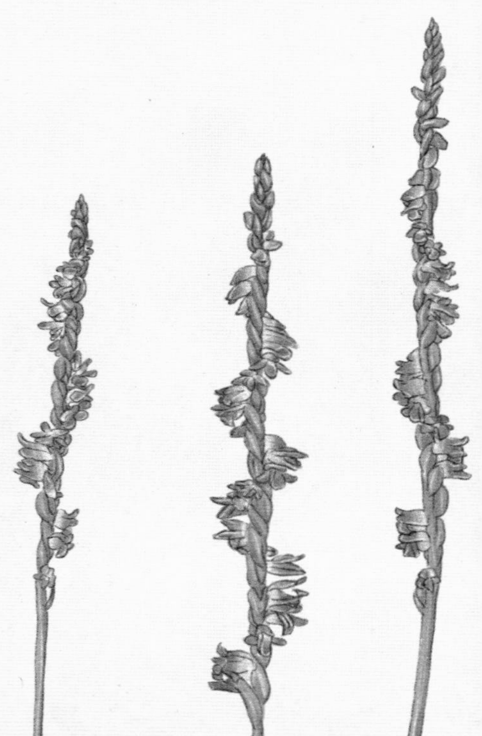

绶草的花呈螺旋状排列，这是为了让横向开放的花朵保持平衡。

绶草螺旋的旋转方向有些向右，有些向左，往哪边旋似乎会受到生长地区的影响，但从比例上来看，大约是一半对一半。

如果你去观察冰激凌店门口的巨型冰激凌装饰，就会发现冰激凌顶部螺旋部分的旋转方向，同样也是一半向右一半向左。

①在中国的花语：铭记于心。别名捩花。

013

蓟①

Cirsium

菊科

【花期】春至初夏

【花语】严格、独立、报复

因亚当夏娃的罪孽而生

人类发现的第一种杂草是什么?

亚当和夏娃违背了上帝的命令，偷食禁果，被赶出了伊甸园。

之后，他们来到带刺的荆棘和蓟丛生之地，不得不采食野草。

由此看来，蓟或许就是我们人类发现的第一种杂草。

①在中国的花语：严格、温暖美好、默默的爱、稳重。

014

春飞蓬①

Erigeron philadelphicus

菊科

花期 春至初夏

花语 追忆之爱

只要能迎来抬头盛放的一天……

乃木坂46②在歌曲《春飞蓬绽放之时》中这样描述这种花：

春飞蓬即使被暴雨所侵袭，

仍然会抬头仰望蔚蓝天空，

就算再艰苦，你也会以自己的姿态不变地，

接受命运的安排，强韧地往大地扎根……

春飞蓬经常会出现在日本流行音乐的歌词中。

另外，还有一种与春飞蓬极为相似的植物，名为姬女苑[3]。

不过春飞蓬有一个姬女苑所不具备的特征：

春飞蓬在吐蕾之初是低着头的，但不久之后，花蕾就会立起来，抬起头向上开出花朵。

就像是一个原本意志消沉的人突然之间下定决心，坚定地踏出人生新步伐一样。

无论你曾经低垂着头也好，沮丧气馁也好，意志消沉也好，这些终将过去，总会迎来抬起头盛开花朵之时。

春飞蓬便是这样的花。

①在中国的花语：冷漠的爱、随遇而安、知足常乐。别名费城小蓬草。

②乃木坂46：日本女子偶像组合。

③姬女苑：一种常见野花，花色黄白相间，又名一年蓬。

015

雪轮草①

Silene armeria

石竹科

【花期】仲春至初夏

【花语】迷恋、执拗、背叛、陷阱

虽然不爱，却依旧强留

雪轮草本是园艺品种，却逃出花园，成了田间道旁的杂草。

它虽然有一个别名“蝇子草”，却并不是食虫植物。

雪轮草的花茎会分泌出一种能粘住虫子的黏性物质，故而有此名。

雪轮草的花语是迷恋、执拗、背叛和陷阱。

被雪轮草粘住、动弹不得的苍蝇虽然不会“葬身草腹”，但我们似乎还是能够听到它发出阵阵怨恨的哀鸣。

①在中国的花语：忍耐、耐心。别名白玉草。

016

粗毛牛膝菊①

Galinsoga quadriradiata

菊科

【花期】夏至秋

【花语】不屈的精神、丰富

在外国明明拥有高雅的名字，
在日本却……

粗毛牛膝菊的日文名称意为垃圾堆。

“垃圾堆菊”——这可真是个糟糕的名字。

粗毛牛膝菊是一种外来植物，日本人最初是在东京都田谷区的垃圾堆里发现它的。

正因如此，它才会被冠以“垃圾堆菊”之名。

现如今，它已成了随处可见的杂草。

粗毛牛膝菊原产于南美洲，大航海时代被引入欧洲。

它进入欧洲的“第一站”是英国皇家植物园——邱园，由此被命名“Kew weed”，意为邱园的杂草。

而它的另一个英文名称则是“Gallant soldier”，意为勇敢的战士。

但遗憾的是，它在日本成了“垃圾堆菊”。

不过，内涵比名字更加重要。

希望它不要受到“垃圾堆菊”这个名字的负面影响。

毕竟它的花语可是“不屈的精神”呢。

①在中国的花语：光彩、荣耀。

017

鸡屎藤①

Paederia foetida

茜草科

《花期》夏

《花语》讨厌与人交往、常具意外性、想解开误会

请叫我“少女花”

鸡屎藤的日文名称意为“屁粪藤”，真是难听得过分。

它之所以会得到这个名字，大概是因为植株会散发出恶臭。

就连《万叶集》②也称之为“屎藤”，真可以算得上是“遗臭万年”。

也有人认为它原本不叫“屁粪藤”，而是叫“屁臭藤”，随着时间推移慢慢变成了现在的名字。

但这两个名字其实半斤八两，是哪个都无所谓吧。

其实它还有一个别名“少女花”，这是因它开出的那些或白或粉清秀纯洁的小花而得名。

它的外表看起来其实再可爱不过了。

①在中国的花语：末路之美。别名鸡矢藤，可入药。

②《万叶集》：日本现存最早的和歌集，在日本的地位相当于《诗经》在中国的地位。

018

狗尾草①

激发玩乐童心的杂草

狗尾草在日本有一个别名“逗猫草”。

这是因为，你若晃一晃它的穗子，就能逗引猫咪嬉戏玩耍。

你可以将它毛茸茸的花穗，当作胡须或者毛毛虫，或是把它扔进朋友的衣领

Setaria viridis

禾本科

花期 夏至秋

花语 玩乐、可爱

中，让他们好生惊吓。

总之，狗尾草就是孩子们的玩具。

记得小时候，我们会在狗尾草丛捉蚂蚱、追小球。

狗尾草真是童年记忆里的杂草。

它虽是杂草，却也有属于自己的花语。

狗尾草的花语便也只有“玩乐”一词可以表达了。

①在中国的花语：坚忍、暗恋。

019

鸭跖草①

Commelina communis

鸭跖草科

《花期》初夏至初秋

《花语》尊敬、变心的恋人、逝去的感情

如朝露一般，是虚幻之物的象征

花发鸭头草，朝开夕便消，

爱情如此短，苦恋我徒劳。

这首和歌里的“鸭头草”指的就是鸭跖草。

《万叶集》里经常提到，“如鸭跖草一般虚幻”。

鸭跖草的花，自古以来便被当作如朝露一般虚幻之物，紧紧抓住了人们的心。

确实，鸭跖草的一朵花只能开半日。

但在花朵的背后，在那些名为花苞的叶片中，其实还藏着众多花蕾。

它们静静地等待着接下来的无数个清晨，为的就是要让那仅开半日的花儿一朵一朵次第盛开。

鸭跖草可绝对不是虚幻之花。

①在中国的花语：希望、理想。别名碧竹子、翠蝴蝶、淡竹叶。

020

白车轴草①

苦难中孕育着希望

都说长有四片叶片的三叶草，是幸运的象征。

你知道四叶草一般会生长在何处吗？

Trifolium repens

豆科

花期 春至初夏

花语 约定、幸运、想念我、复仇

答案是，那些常常被人踩踏的地方。

四叶草的成因之一就是生长点[2]受伤。

正因如此，在路旁等经常被人踩踏的地方，更容易找到四叶草。

这一定是因为，苦难中孕育着希望吧。

①在中国的花语：祈求、希望、爱情、幸福。别名白花三叶草、白三草、车轴草。

②生长点：位于植物根尖部位，此处的细胞分裂活动比较旺盛。

021

酢浆草①

Oxalis corniculata

酢浆草科

【花期】春至秋

【花语】喜悦、闪耀的心、母亲的温柔

不妨用它的叶片
来磨一磨重要之物

酢浆草的花语是“闪耀的心”。

它的叶片中含有草酸，所以旧时人们曾用它打磨金属或镜子。

我试着用它打磨了一枚十日元的硬币，硬币竟然真的闪闪发光起来。

传说，若是在酢浆草上打磨镜子，思念之人的面庞便会在镜中慢慢浮现。

酢浆草美丽的心形叶片，也与这样浪漫的传说格外契合。

①在中国的花语：爱国情怀、璀璨的心。别名酸酸草、三叶酸。

022

待宵草[1]

Oenothera stricta

柳叶菜科

花期　夏

花语　朦胧的恋爱、移情别恋

竹久梦二[2]
将夏日之恋写成了诗

待到夜幕降临，方才开出花朵，这花因此而被命名为待宵草。

竹久梦二曾在诗中描述过一段未能开花结果的夏日之恋：

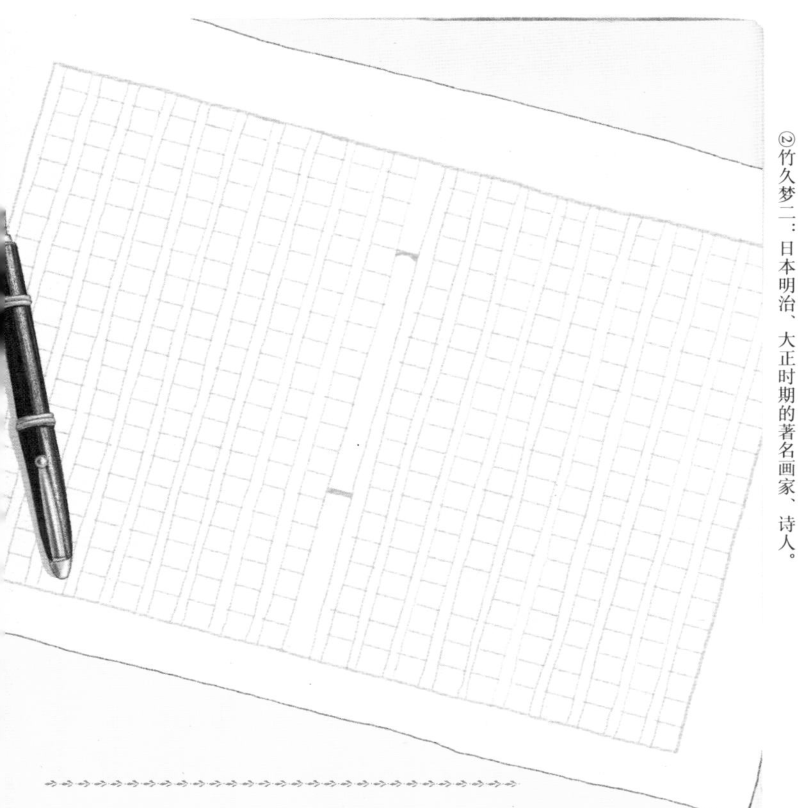

待到夜幕降临，依然未见来人，

等待夜色的花草郁郁不乐，今夜大约无月。

不过你大概已经发现，诗中出现的植物名为“等待夜色的花草”，这是不是“待宵草”的笔误呢？

其实，竹久梦二最初写的就是“待宵草”，但为了诗歌的韵律，最终还是把它改成了“等待夜色的花草”。

①在中国的花语：默默的爱。别名香待宵草。

②竹久梦二：日本明治、大正时期的著名画家、诗人。

023

王瓜①

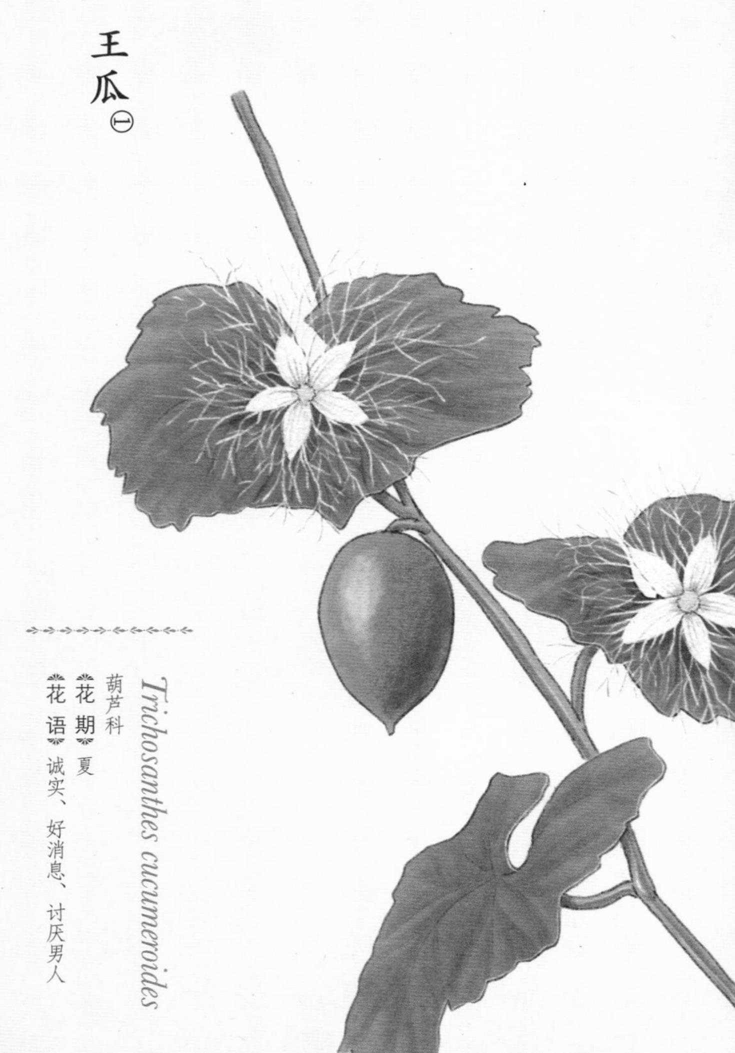

Trichosanthes cucumeroides

葫芦科

花期 夏

花语 诚实、好消息、讨厌男人

它的存在感不仅来自赤红色的果实

火红啊，火红啊，

是王瓜！

火红啊，

蜻蜓背，火红啊！

日本童谣《火红之秋》里唱到了王瓜火红的果实。

王瓜的果实虽广为人知，它的花却鲜少有人见过，这是因为它的花往往在寂静无人的夜晚开放。

王瓜的花是纯白色，匀称地呈星形盛开，花瓣周围还有一圈蕾丝一样的白色花边，相当高雅美观。

王瓜的种子同样鲜少有人知晓。

它的种子因为看起来像折叠的书信，便有了个“玉章”的别名。

此外，它的种子还酷似万宝槌[2]和福神大黑天[3]的面孔，因此，人们认为把王瓜种子放入钱包就可以为自己带来滚滚财源。

不可思议的是，王瓜垂下的茎会钻入土壤生出块根。

——并不是在茎的下端，而是在茎的尖端长出块根。

有一种与王瓜外形接近的植物，名为栝楼。

若从栝楼的块根中提取淀粉，便能制作出天花粉——它可以用来制作爽身粉。

①在中国的花语：爱、和谐、幸福。别名土瓜、赤子，始载于《神农本草经》。

②万宝槌：日本神话传说中一把有求必应的锤子，可以帮助主人实现愿望。

③福神大黑天：日本神话传说中的开运招福之神，可以使人生意兴隆、财源滚滚。

024

鹅观草①

Elymus tsukushiensis var. transiens

禾本科

花期　仲春至初夏

花语　无

得名于某个时代的“萌言萌语”

日本的年轻女孩们，很擅长给各种东西起些可爱的名字。

在某个时代，她们会在任何东西的名称后面都加上个尾缀。

当时这样的“萌言萌语”很是流行。

比如，勺子被叫作“勺子子”，寿司叫作“寿司司”，浴衣叫作“浴衣衣”，女孩们很喜欢这种可爱的感觉。

而假发则被叫作“假发发”，这个单词的日语发音与鹅观草相同。

鹅观草的日文名称，正是来源于把这种草绑在头发上充当假发的游戏。

顺便一说，这种加上尾缀让物品名称变得更加可爱的“萌言萌语”，是日本室町时代（1336—1573）的女官们率先开始使用的。

①别名柯孟披碱草、弯穗鹅观草。

025

鱼腥草①

Houttuynia cordata

三白草科

【花期】初夏

【花语】野生、白色追忆

不是毒，而是药

鱼腥草总是一丛一丛生长在太阳照不到的阴暗之所。

它体生臭味，再加上拥有这么个名字，所以总会被人误解成可怕的毒草。

但实际上，它却是一种药草。

它因有解毒之功效，又得一别名“矫毒”。

若是把它喂给耕马，就能治好马的各种疾病，因此它又被冠以“十药”之名。

当然，它也可以用来治疗人类的疾病。

或许真正有实力的人或物，反而并不喜欢抛头露面吧。

①在中国的花语：脉动。又名折耳根、蕺菜茶。

026

羊蹄①

Rumex japonicus

蓼科

【花期】春至初夏

【花语】忍耐、隐藏的故事、精明、开朗

日文古称只有一个音节，不知这名字从何而来

日文名称最长的植物是大叶藻。它长达21个音节的日文名称意为“龙宫公主丢弃的发绳”，这是一种生在浅海的海草的别名。而日文中名称最短的植物则是兰草，它的名字只有一个音节“き”。

不过人们认为，只有一个音节的名字使用起来不太方便，所以在日常使用时一般会再给它添上两个音节，称作“いぐさ”。

古日语中，仅有一个字的植物名称可不止这一种。比如白茅这种植物，它在古日语中的名字也只有一个音节“ち”，而在现代日语中则变成了一个三音节单词“ちがや”。

葱也是如此。它在古日语中的名字同样只有一个音节“き”，而在现代日语中，它的名字则变成了双音节单词“ねぎ”（意为根葱）。顺便一提，葱之所以会得到这个意为“根葱”的日文名称，是因为它白色的茎秆看起来就像是根一样。

此外，朴树也是如此。人们觉得它从前的单音节名字“え”使用不便，就将它的名称改为了三音节单词“えのき”。

而羊蹄也是如此。它过去的名称是单音节单词“し”，现在却变成了拥有四个音节的单词“ぎしぎし”。

至于这个诡异的四音节名称究竟从何而来，早已不得而知了。

①在中国的花语：亲情、阖家团圆。别名土大黄、牛舌头。

027

马齿苋①

Portulaca oleracea

马齿苋科

花期 夏

花语 充满元气、天真

旺盛的生命力使它成为吉祥物

古时候，人们曾栽培过名为“苋”的野菜，它与今天的红苋菜是近缘植物。

马齿苋虽与苋亲缘较远、外观相异，但味道却与苋极为相似，故而也被缀上了“苋”之名。

其实，马齿苋跟园艺植物大花马齿苋才是近缘植物。

马齿苋的日文名称中含有滑倒之意，因其肉质叶片极易使人滑倒而得名。

它掌握了仙人掌进行光合作用的方式，因此能够有效对抗干燥，不易枯萎。

这样强大的生命力，也让它在《万叶集》时代就被冠上了“祝祷之藤”的名字，作为吉祥物被人们装饰在房檐。

马齿苋本是随处可见的杂草，却因为味道不凡，而被日本东北地区的人们长期食用。

另外，日本有些地区的人们反其道而行之，给马齿苋起了个别名“别滑倒”，让即将应试的考生吃了，祈求考试中不要“马失前蹄”地滑倒。

将“滑倒”改为“别滑倒”，实在妙哉妙哉。

①在中国的花语：永结同心。别名五行草、马齿菜。

028

葛①

Pueraria montana var. *lobata*

豆科

《花期》夏至秋

《花语》活力、内心强大、治愈

是秋之七草②，还是绿色怪物？

图鉴中虽然记载，一种名为“水黾”的昆虫能散发出糖果的气味，但它实际上散发出来的却是快餐里薯条的气味。

图鉴中虽然又记载，葛花带有葡萄的香味，但实际上它的气味却与葡萄味碳酸饮料更加接近。

日本人对葛很是熟悉，因为它既是“秋之七草”之一，又是日本传统食物葛饼的原料。

但在美国，它却被叫作“Green monster”，意为绿色怪物，这是因为在那里，它是外来的入侵物种，会带来严重的生态问题。

①在中国的花语：为情而生，为爱而亡。

②秋之七草：日本古典文学中提到的七种代表秋天的花草。一般认为，具体指胡枝子、芒草、葛花、抚子花、女郎花、白头婆、桔梗。

029

车前草①

Plantago asiatica

车前科

《花期》春至秋

《花语》足迹、残留的足迹

一直在等待，那回不来的人儿

德国有一位年轻骑士，名叫希尔德布兰德，他在离开妻子阿门图卢德奔赴战场的时候曾说：

“待我载誉凯旋之时，城门口的橡树下，你来迎接我吧。”

留下这句话，他便踏上了征程。

他的妻子，依言日日等在城门口，等待丈夫的归来。

据说他的妻子死后，橡树下生出一种无人认得的草。

这便是车前草。

车前草总是生长在路边，就像是一直在等待着谁。

①在中国的花语：不畏艰难。别名车前、车轮草。

030

地榆①

Sanguisorba officinalis

蔷薇科

【花期】初夏至秋

【花语】变化、时光飞逝、思虑

神明未曾召见之花

地榆虽隶属蔷薇科，却并不引人注目。

日语中，它的汉字名写作“吾亦红”。

据说古时，神明召见红色花朵之时，地榆虽未被召见，却一直申诉说“吾辈亦是红色”，因而得名。

确实，它虽性情低调，却也是有存在感的，尤其在秋日的山野中很是惹眼。

所以从古至今，它都是诗歌里常常咏叹的对象，亦会被用作插花的花材。

①在中国的花语：无畏，不求回报。别名黄瓜香、山地瓜、血剑草。

031

石蒜①

Lycoris radiata

石蒜科

花期　初秋

花语　热情、悲伤的回忆、独立

必是倾注了，某人的思念

石蒜定会在每年的秋分时节盛开花朵，因而又叫彼岸花②。

它不结种子，故而仅凭一己之力，是无法扩大分布范围的。

但我们今天却能在各地看到大范围生长的石蒜，这大概是因为我们的先祖曾在各处悉心培育过它们吧。

石蒜的球根有毒，用水漂洗去除毒素

后，便能得到丰富的淀粉。

正因如此，古人将石蒜作为饥荒时的应急口粮而大量种植。

石蒜多见于墓地，故而总被当作不祥之兆。

然而寺庙和地势较高的墓地其实也是紧急情况下的避难所。这样看来，也许石蒜亦是无比重要的植物呢。

此外，石蒜能阻止老鼠、鼹鼠之流靠近，故而成为守护重要墓地的植物，亦有防止堤坝溃决的作用。

“彼岸花”盛放之处，必是倾注了，种植之人的思念之情。

这样想来，有彼岸花开放的地方，必然具有无法估量的意义。

①在中国的花语：优美纯洁。别名彼岸花、龙爪花、曼珠沙华。

②彼岸花：日本人将秋分以及前后各三天共计七天的时间称为『秋彼岸』，在此期间为逝去的亲人扫墓上坟。石蒜在秋彼岸期间开花，故而得名彼岸花。

032

加拿大一枝黄花①

Solidago canadensis var. *scabra*

菊科

花期 秋

花语 元气、生命力

“害人害己”的有毒物质

在日本，加拿大一枝黄花被认为是典型的外来杂草，处处遭人白眼；但在美国，它却是受人喜爱的故乡之花，甚至被选为内布拉斯加州的州花。

加拿大一枝黄花会从根部释放出有毒物质。

对在美国与之共同进化的其他植物来说，这点毒素算不得什么；但对日本的植

物来说，这却是“生平”头一次遇到的有毒物质。

因此，日本原生植物的生存空间被挤占，只留下加拿大一枝黄花恣意地繁衍生长。

但近来，加拿大一枝黄花的泛滥也在其自毒作用②的影响下得到了控制，随着时间流逝，它在日本也逐渐变得惹人怜爱起来。

①在中国的花语：美好的开始、幸福生活。别名麒麟草、黄莺。

②自毒作用：某些植物的植株会释放出有毒物质来抑制同种植物其他植株的生长发育。

033

长鬃蓼①

Persicaria longiseta

蓼科

花期 初夏至秋

花语 想助你一臂之力

愿我能助你一臂之力

日语中，长鬃蓼的汉字名为“犬蓼”，当中有个“犬”字。

日本人在为植物起汉字名时，如果用到了“犬”字，就说明这种植物看似有用实则无用，或无法为人类所用。

比如，“麦”原是一种谷物，但汉字名为“犬麦”的扁穗雀麦却是一种杂草；“稗”原是一种杂粮，但汉字名为“犬稗”的短芒稗却也是一种杂草。

此外还有，汉字名为“胡麻”的芝麻有用，但汉字名为“犬胡麻”的田野水苏

却无用；汉字名为“酸浆”的挂金灯有用，但汉字名为“犬酸浆”的龙葵却无用；汉字名为“芥子”的芥菜有用，但汉字名为“犬芥子”的蔊菜却无用。

诸如此类，不胜枚举。

这些植物名称里的“犬”字，都含有“毫无用处”的意味。

汉字名为“犬蓼”的长鬃蓼也是如此。

长鬃蓼的粉红色小花很可爱，孩子们过家家时会用它来充当赤豆糯米饭，故而长鬃蓼也被孩子们称为“红饭饭”。

然而，长鬃蓼其实是无用的蓼。

另外，还有一种汉字名为“本蓼”（日语中意为真正的蓼）的植物水蓼，它可被用作刺身的配菜，或是烤鱼时的调味料。

但长鬃蓼却没有水蓼这样的辣味，所以才被认为是无用之蓼。

长鬃蓼虽“百无一用”，但它的花语却很是积极向上：“想助你一臂之力”。

①在中国的花语：离别之情。

034

白果槲寄生①

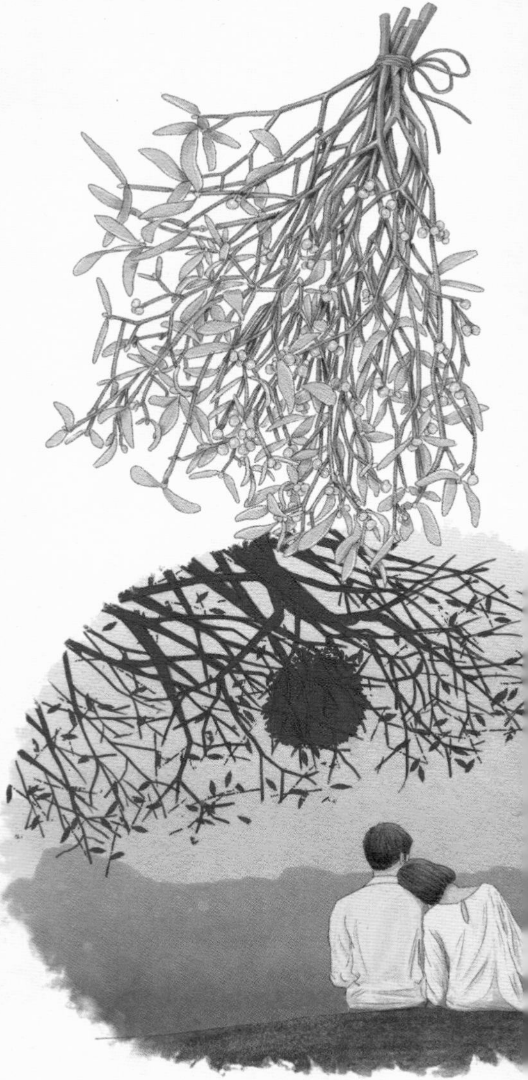

Viscum album

桑寄生科

〖花期〗春

〖花语〗战胜困难、忍耐、吻我

若是在这树下接吻的话……

公园里，在树叶已然落尽的树枝上，常会见到附生有绿色的植物。

这就是白果槲寄生。

白果槲寄生将根生在树枝上，因为是吸收其他植物养分的寄生植物，所以即便在冬日，它也不会枯萎。

皮克斯动画电影《玩具总动员》的最后一幕中，牛仔玩偶胡迪，同牧羊女宝贝在圣诞节接吻了。

在他俩上方，几只小羊叼着的植物就是槲寄生。

而在电影《哈利·波特与凤凰社》中，主人公哈利在与心爱的女孩秋·张接吻时，也用魔法变出了槲寄生。

在西洋的传统文化中，自古以来就有这样一个传说：男女若是在槲寄生下相遇，便可接吻。

因而男子往往邀约心爱的女子前往槲寄生下。

此外亦有传言，圣诞夜若是在槲寄生下接吻，便能获得幸福。

也正因如此，凡是与圣诞相关的戏剧性场景，便少不了槲寄生的身影。

第二章

园艺常见花木

035

大花三色堇①

Viola × wittrockiana

堇菜科

【花期】冬至春

【花语】思虑、想着我

恋上睁眼后见到的第一个人

三色堇在英语里被叫作“Love grass”，意为恋之草。

除此之外，它的别名还有：“Kiss me at the garden gate”，意为请在花园门口吻我；“Jump up and kiss me”，意为跳起来吻我。

三色堇左右两侧的花瓣，看起来宛若正在接吻一样，或许正因如此，三色堇才得到这些与接吻相关的别名。

若按欧美人的说法，三色堇之所以会

①在中国的花语：沉思、快乐和思念。

拥有三种颜色，是因为它被天使吻过三次。

十九世纪时，人们又培育出了形如人面的品种。

三色堇的英文名称“Pansy”源于法语单词“Penser”，意为思想，皆因此花看起来像是“思想者”的脸。

莎士比亚的戏剧《仲夏夜之梦》中，三色堇的花汁曾被用作迷药。

据说若是将这迷药抹在眼皮上，从睡梦中醒来的人，便会恋上睁眼后见到的第一个人。

顺便一提，《仲夏夜之梦》中还有一种能消除三色堇花汁迷药效果的草汁，它是由野艾制成的。

036

水仙[1]

Narcissus

石蒜科

【花期】冬至春

【花语】自恋、自爱

美丽水畔的纳喀索斯[2]

水仙的学名是“Narcissus”（纳喀索斯）。在英文中，自恋之人被称为“Narcissist”，这个词其实就是源自水仙的学名。

纳喀索斯是希腊神话中的美少年。

诸多女性迷恋其容颜，爱上了他，他却一个都不爱。

天神眼见这些被他拒绝的女子变得难

过不幸，便施法让无法爱上他人的纳喀索斯爱上了他自己。

如此一来，纳喀索斯便恋上了自己在泉水中的倒影，终于因为爱而不得，郁郁而终。

于是人们便称这泉水边生长的美丽花朵为纳喀索斯。

水仙是极为美丽的花朵。

它在水边垂着头开放，看起来似在凝视水面。

也许便是因此才有了上面这个神话故事。

另外，中国人也因水仙是水边开放的美丽花朵，而为它冠以“水仙”之名，意为水中仙子。

①在中国的花语：自尊、自信。别名中国水仙。

②纳喀索斯：希腊神话中最俊美的男子。

037

欧洲银莲花①

Anemone coronaria

毛茛科

花期　春

花语　我爱你、虚妄之恋、爱之苦涩

因恋爱之泪水而盛开

欧洲银莲花的学名，来自拉丁语中“Anemone”一词，意为风之子。

它的英文名称“Wind flower”亦有此意。

欧洲银莲花的种子上覆有绒毛，能乘风飞向远方，故而得名。

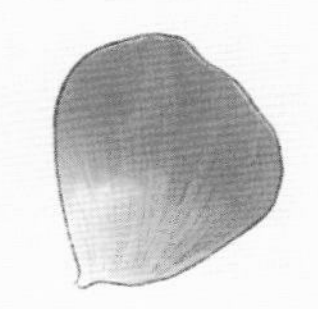

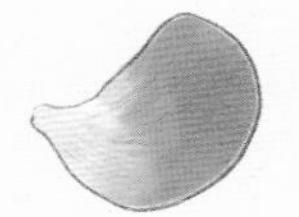

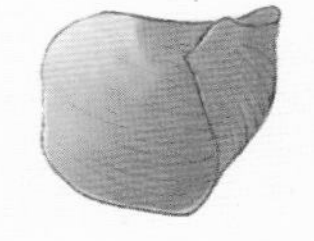

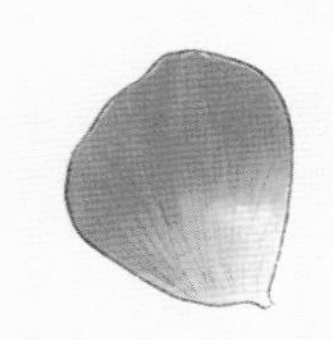

欧洲银莲花的花语有数个，大多是诸如“虚妄之恋”“爱之苦涩”这样悲伤的调子。

恋爱破碎流下的眼泪使其开花，花朵由失恋后哀伤的少女所化，与欧洲银莲花相关的传说都是如此悲伤。

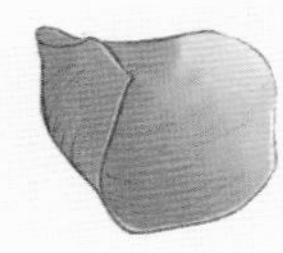

①在中国的花语：失去希望、渐渐淡薄的爱。别名罂粟秋牡丹。

038

矢车菊①

Centaurea cyanus

菊科

〖花期〗春至夏

〖花语〗优雅、敏感、教育、单身生活

恋爱中的男子用它来进行花占卜②

矢车菊的花朵呈蓝色，给人以勇毅果决之感。

在神话中，库阿努思（Cyanus）死后化成花朵，作为向花之女神芙洛拉献身的证明。

这便是矢车菊的学名“Cyanus”的由来。

矢车菊的花语之一是“单身生活”，

说起来皆因英国单身的男子，都有在衣襟别上一朵矢车菊的习惯。

花占卜一般来说是由女子进行，但用矢车菊占卜却必得由男子来做。

男子把矢车菊放入衣袋后，若花朵保持新鲜，他便能与心爱的女人结婚；若花朵很快枯萎，他的心上人便会另嫁他人。

这就是用矢车菊进行花占卜的方法。

①在中国的花语：遇见和幸福。别名蓝芙蓉。

②花占卜：用花朵来占卜爱人的心意。女孩进行花占卜的一般方法是：把花瓣一枚一枚撕下来，撕下第一枚时心中默念『爱我』或『不爱我』，下一枚则反之。撕下最后一枚花瓣时念到的词就代表爱人的心意。男子进行花占卜的方法见本节正文。

039

番红花①

此花之名源于希腊的美少年

番红花的学名"Crocus"（克洛卡斯）是希腊神话中的一位美少年。

他因众神的反对而无法娶到心爱的姑娘，绝望中选择了自杀。

花神芙洛拉可怜他，便将他变成了番红花，又将他心爱的姑娘变成了另一种植物菝葜。

Crocus

菖蒲科

花期 早春

花语 青春之欣喜、渴望

由此古希腊便有了将番红花与菝葜作为婚礼之花的传统。

不过在希腊神话中，不论是番红花还是前文中的水仙，都是以少年而非少女的形象出现。

有人认为，这类花朵的球根状似男性的睾丸，故而常用少年作比。

040

樱花①

Cerasus × yedoensis

蔷薇科

花期 春

花语 精神之美、优美的女性

是神明之木，还是复仇之木？

日本人最爱樱花。

过去人们认为，一到春天，掌管土地的神明“さ”神就会从山上来到田间地头。

日语中的“さおとめ”（意为在田间耕作的少女）和“さなえ”（意为稻秧）等词，其开头的音节均为“さ”，亦即“さ”神之意。

而日语中樱花（“さくら”）一词，则由“さ”和“くら”两部分组成，前者

意为“さ”神，后者意为降临之处。

因此，樱花在日语里是“神明降临之处”的意思。

所以日本人常常会在樱花树下祈祷丰收，饮酒唱歌，这种仪式延续到今天，便成了名为“花见”的赏花习俗。

然而，樱花身上也有可怕的故事。

古时候，樱花也被认为是复仇之树。

被男人背叛的女人，往往会将稻草人钉在樱花树上，以此来诅咒变心的男人。

樱花的花朵如此美丽，大概也是因为，自古以来这样那样的人儿，思绪在此处交叠吧。

①在中国的花语：幸福、热烈、纯洁、高尚。

041

棣棠花①

Kerria japonica

蔷薇科

《花期》春

《花语》气质、崇高、财运

它的美超越了时代

日语中“山吹色”（意为金黄色）一词，正是源自棣棠的颜色。

在日本，流传着这样一则太田道灌[2]年轻时的故事：天降大雨，他因想借蓑衣而走进一间小屋，屋中少女却向他递上了棣棠的花枝。

他怒而返家，临走前喊道：“我想要的是蓑衣！”

但等回到家后，他却突然想起了兼明亲王的和歌：

七重八重棣棠开，花不结果悲人怀。

在日语中，“花不结果”与“没有蓑衣”发音相同，少女当时大概想借棣棠花枝暗示他家中没有蓑衣吧。

想到这儿，太田道灌为自己的不学无术而羞愧不已。

①在中国的花语：尊贵、高贵的气质。别名蜂棠花、黄榆梅。

②太田道灌：日本室町时代后期的武将。

042

杜鹃花①

Rhododendron

杜鹃花科

【花期】春

【花语】节制、谨慎

这不像花名的花名，究竟从何而来？

在日语中，杜鹃花的汉字名写作“踯躅”二字，这两个字与“骷髅”二字的字形很是相似。

在日文植物名称当中，其实有不少对日本人来说识读困难的汉字名，如“蔷

薇”“葡萄”“菖蒲”等，但至少它们都是草字头，能让人猜到是植物的名字。

然而“踟蹰”二字，却都是足字旁。

“踟蹰”有走走停停之意，与“踌躇”的意思相近。

据说杜鹃花之所以会得到“踟蹰”这个名字，是因为它的花朵太过美丽，让看到它的人都会忍不住为它驻足。

①在中国的花语：爱的快乐、清白、忠诚、思念。

043

芍药①

Paeonia lactiflora

芍药科

花期 初夏

花语 羞愧、谨慎、谦逊

传说中价值千金的药草

在电影《哈利·波特》中有一种植物，只要拔出它，它就会因惊恐而尖叫，据说听到这叫声的人就会死去。

这种植物便是茄科的曼陀罗。

其实，芍药也有类似的传说。

古罗马时便有“若是拔下芍药，它便会发出巨大的声音，闻者必死”的传说。

因此，据说古罗马人在摘取芍药时，必先将狗绑在花茎上，用肉来引诱它（奔跑），之后再摘下花朵。

之所以会产生这样的传说，大概是因为芍药的药用价值极高吧。

在希腊神话中，众神的医师佩恩医术十分高明，据说他连冥王的伤都能治好。

芍药的学名“Paeonia”，正是来自佩恩之名“Paean”。

日语中，芍药一词有“喜爱之药”的意思。

芍药本是药草，但江户时代的日本人非常喜欢芍药的花朵，于是培育出了各式各样的品种。

044

牡丹①

Paeonia suffruticosa

芍药科

【花期】初夏

【花语】富贵、高贵、害羞

“坐即牡丹”竟是雄性之花?

在古代日本，有这样一句用来形容美人的话：“立似芍药，坐即牡丹，一颦一笑如百合之花。”

芍药伸展茎秆，向上开出花朵，那颀长苗条的样子，恰似美人站立之姿。

而牡丹则在茂密的花叶中向两侧开出花来，足可媲美美人的坐姿。

芍药之花与牡丹之花，看起来极为相似，但它们开花的方向却有所不同，就像

"立似芍药，坐即牡丹"形容的那样，我们可以凭这一点将两种花区别开来。

再者说来，百合之花，低头盛放，随风摇曳那优美之感，也像极了美人弱柳扶风的行走之姿。

牡丹，原本常被比作美丽的女人，人们在为它命名时，却用上了有雄性之意的"牡"字。而"丹"字则意为红色。

一般认为，开出红色花朵的牡丹较其他颜色而言更加高贵，但种下红色牡丹结出的种子后，部分子代却无法开出红色花朵，于是人们改用嫁接的方式来繁殖红色牡丹。

如此便有了牡丹是不能结出种子的"雄性之花"的说法。

①在中国的花语：浓情、圆满、雍华富贵。别名木芍药。

045

齿叶溲疏[1]

“卯之花”[2]其实没有香味

在日本，齿叶溲疏通常被称为“卯之花”。

日本童谣《夏日已至》中唱道：

散发着卯之花气息的围篱，
杜鹃早已站在那里，
唱起今年第一支曲子，
夏日已至。

这首童谣的歌词格调高雅，但对小孩子而言却是“疑点重重”。

我小时候就不明白“夏日已至”的意

Deutzia crenata

虎耳草科

花期 初夏

花语 古风、雅致、秘密

思，到底是夏日“已经到来”，还是夏日“没有到来”，因为二者在日语中的写法相同，只在读法上有细微差别。

若是念作“きぬ”，就是“已经到来”的意思；若是念作“こぬ”，就是“没有到来”的意思。

如此说来，日语真是一种复杂的语言。

另外，童谣中虽然唱道“散发着卯之花气息的围篱”，但齿叶溲疏的花本无气味，歌词中的这句话也曾令我困惑不解。

其实“散发着卯之花气息”并不意味着花有香味，而是用来表达花儿开得繁盛的说法。而在日本歌曲《樱花樱花》的歌词中，则有形容樱花“在朝阳下芬芳”的句子。

不得不说，日语真是一种复杂却美丽的语言。

①在中国的花语：忠实、可信任。别名日本溲疏、圆叶溲疏。

②卯之花：日本人将农历四月称为『卯月』，卯之花意为在农历四月盛开的花朵。

046

唐菖蒲①

Gladiolus

鸢尾科

花期 夏

花语 密会、小心、思念

花叶似利剑，球根似铠甲

在古罗马的斗兽场中，剑士们会手持武器相互战斗。

拉丁语中，剑即是“Gladiolus”，而持剑对战的剑士，则被称为“Gladiator”，唐菖蒲的学名“Gladiolus”便是由此而来。

①在中国的花语：节节高升、美好回忆、正义正直。别名剑兰。

唐菖蒲的花叶形似利剑，长有编织花纹的球根状似铠甲，因此中世纪的士兵在出征时，常把它用作护身符。

047

溪荪①

Iris sanguinea

鸢尾科

【花期】春至初夏

【花语】好消息、消息

它的名字来自一位被“认出”的女子

日语里有一句谚语，“溪荪杜若难择一”，这句话通常用来形容两个人同样优秀，难以取舍。

溪荪和杜若看起来很相似，另外花菖蒲也与它们相像。这三种花原本生长在不同地域，杜若生长于易积水的湿地，花菖蒲生长于湿润的草原，而溪荪则生长于排水良好的草原。可在庭院中，三种花却都长在一处，难以区分。

分清这三种花的诀窍便是观察它们下方花瓣的形态。

花菖蒲的花瓣呈黄色，杜若的花瓣呈白色，而溪荪的下方花瓣，则带有网状花纹。

日本古典文学作品《太平记》中，就有一个关于名为“溪荪”的女子的故事。据说在平安时代，太上天皇给武士源赖政送去了一众美女，让他从中找出一位名叫“溪荪”的女子。

于是，源赖政作了一首和歌来咏叹这位女子的名字：

时值五月，春雨连绵。

河川水涨，杜若被淹。

溪荪杜若，实难分辨。

被他提到名字的溪荪姑娘，一下子就羞红了脸。

①在中国的花语：愤怒。别名东方鸢尾。

048

薰衣草①

Lavandula

唇形科

【花期】初夏

【花语】期待、沉默、等待你

古时用作沐浴之香料

薰衣草的拉丁语学名有“洗”之意。

古时候人们在沐浴之时，常常将薰衣草当作香料加入水中。

古罗马人喜欢在公共浴场沐浴。

可在罗马帝国没落后，欧洲人却舍弃

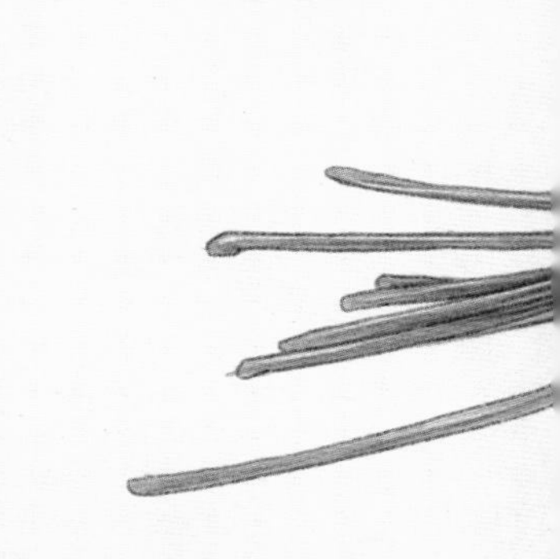

了沐浴清洗身体的习惯，皆是因为干净的水在当时极为珍贵。

那时的肥皂和香水价格很高，但薰衣草却是人人都可种植之物。

于是，人们开始用薰衣草的香味来遮盖自己的体味。

①在中国的花语：等待爱情。别名纳德斯。

049

绣球①

Hydrangea macrophylla

虎耳草科

【花期】初夏

【花语】移情别恋、变心、无情、变节

花变色，恰似人变心

绣球的花语是“变心”，这是因为绣球花的颜色能从蓝紫色变为紫红色。

花的颜色之所以会改变，是因为花瓣细胞中的酸度发生了变化。因此，花色其实是由土壤酸度控制的。

土壤若是呈酸性，绣球花便会变成美丽的蓝色。

江户时代访游过日本的西博尔德[②]，将绣球花这种美丽的蓝色花儿引入了欧

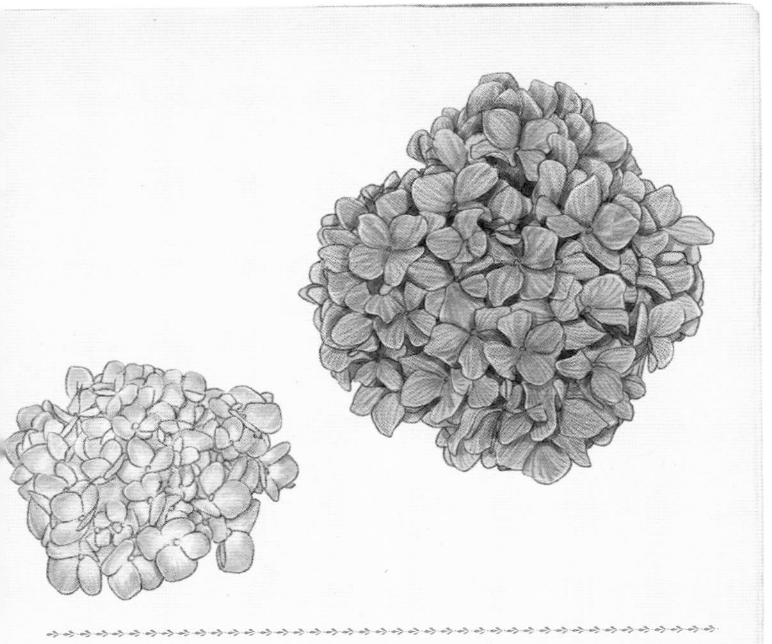

洲，但由于欧洲的土壤呈碱性，绣球花变成了紫红色。

但其实，这紫红色才是绣球花原本的颜色。

此后欧洲人亦培育出了各种品类的绣球花，它们被统称为西洋绣球花。

西博尔德从日本收集了大量植物并带回欧洲，但其中他最喜欢的一种还是绣球。

于是，他为绣球起了个学名“Hydrangea otacusa”，其中“Otacusa”是他在日本的恋人“阿泷”的名字。

遗憾的是，这个学名现今已不再使用了。

但西博尔德却从来没有变心，一直爱着绣球花和他的恋人。

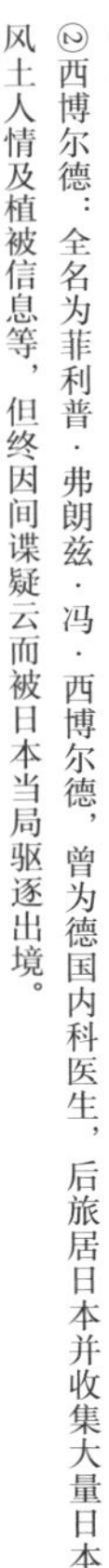

①在中国的花语：希望、忠贞、永恒、美满。别名紫阳花。

②西博尔德：全名为菲利普·弗朗兹·冯·西博尔德，曾为德国内科医生，后旅居日本并收集大量日本的风土人情及植被信息等，但终因间谍疑云而被日本当局驱逐出境。

050

栀子花①

Gardenia jasminoides

茜草科

【花期】初夏

【花语】非常幸福、高雅考究、优雅

刻在棋盘上的铁律——观棋不语真君子

高级的围棋或将棋棋盘，都是用香榧木制作而成的。

这是因为香榧木板的木纹很美，且围棋子和将棋子敲击在棋盘上的声音十分悦耳。

据说，香榧木的棋盘脚模仿了栀子果实的形状。

在围棋和将棋比赛过程中，是不允许观棋者出声的，日语中“栀子”和“住口”同音，故而棋盘脚采用栀子之形来提醒观棋者住口。

棋盘的背面有一凹槽，这便是被称为“血泊”的地方，据说如果有人对棋局指手画脚，人们就会把他的头砍下来，存放在此。

①在中国的花语：永恒的爱与约定。

051

勿忘我①

与“不要忘记我”有关的故事

自然界中蓝色的花朵很是珍贵，长着蓝色花朵的勿忘我，也因此拥有了一众“裙下之臣”。

此花的英文名称为“Forget-me-not”，意为不要忘记我，它的花语也同它的英文名称一致。

关于勿忘我有很多传说。

有一种传说是，一位骑士想去多瑙河边摘下蓝色花朵送给恋人，却不幸落入河中被水卷走。

Myosotis

紫草科

【花期】春至初夏

【花语】不要忘记我、真爱

在生命的最后一刻，他将手中摘到的花扔向心爱的女子，并喊道：“不要忘记我！”

接着，他便被水流吞噬。

据说，收到勿忘我的女子，此生再也忘不了这摘花的人。

也有传说，牧羊人摘到了一朵蓝色的花之后，花中显现的女神指引他找到了堆满黄金的洞窟。女神告诉他：“想拿多少就可以拿多少，但不要忘掉最重要的东西。”然而，牧羊人还是被黄金迷了双眼，将蓝色的花儿忘在了洞里，最终洞窟崩塌，牧羊人也被埋葬。

蓝色的花儿在考问我们：你绝不能忘掉的重要之物，究竟是什么呢？

①在中国的花语：永恒的爱、浓情厚谊、永不变的心。别名勿忘草。

052

萱草①

Hemerocallis fulva

阿福花科

花期 初夏

花语 忘记悲伤、气质、决心

美得令人忘却忧愁

萱草在日本也被叫作“忘忧草”，这个名字在《万叶集》中就已经出现。

它之所以会得到这个别名，据说是因为：“萱草的花儿太过美丽，让人见之忘忧。”

萱草状似百合花，曾被归为百合科，但最近却又被划归了其他的科属。

就像是哺乳动物中的海豚和鱼类中的鲨鱼，虽然外形相似，但却拥有完全不同的进化历程。

①在中国的花语：遗忘的爱、忘记忧愁。萱草在两千多年前的《诗经·魏风》中就有记载。后来在《本草纲目》等书中亦有记述。别名鹿葱、川草花、忘郁、丹棘、忘忧草等。

053

蓝色西番莲①

Passiflora caerulea

西番莲科

花期 初夏至秋

花语 神圣的爱、信仰

毒蝴蝶从它的叶片中获取毒素

蓝色西番莲的叶片根部长有疣状突起。

这突起究竟有何用途呢?

原来，蓝色西番莲会产生有毒成分，以保护自己免遭虫害。

然而，一种名为“毒蝴蝶”的害虫，不仅对蓝色西番莲的毒素产生了耐性，甚

至还能把摄入的毒素转化为自身的武器。

而蓝色西番莲叶片根部的疣状突起，正是模仿了毒蝴蝶卵的形状。

毒蝴蝶见了这突起，便会误以为已有其他同类在此产卵，从而离开这株蓝色西番莲，另寻他处。

①在中国的花语：憧憬。

054

碧冬茄①

Petunia

茄科

【花期】春至秋

【花语】安详、与你一起心便安

不同花纹象征善恶两道

如果你对碧冬茄的学名“Petunia”有些眼熟，那你定是在《哈利·波特》中见过它。

那位收养了哈利却虐待他的姨妈就叫“Petunia”。

不过，她的形象实在和美丽的碧冬茄相去甚远。

更何况，碧冬茄的花语还是“与你一起心便安”。

不过这碧冬茄的花色若为条纹状，那情况就完全不一样了，因为这种碧冬茄的花语是“碍事的人”。

055

大花马齿苋①

Portulaca grandiflora

马齿苋科

花期 夏

花语 天真、忍耐、惹人怜爱

种子小如铁粉

大花马齿苋原产于南美洲，据说在江户时代传入日本。

关于大花马齿苋，有这样一则古老的故事：

一对日本老夫妇曾帮助过一位外国僧人。僧人赠给老夫妇大花马齿苋的种子作为谢礼。

老夫妇珍而重之地培育这种子，可某一天它竟被人盗走。

听说此事后的城主心生一计。

他向众人分发了一些粉末，声称这些粉末是大花马齿苋的种子，一旦种子开花，请大家务必带花来见他。

然而他分发的粉末其实都只是铁粉。

据说不久后，便有人得意扬扬带花来见城主，城主由此破案，这人就是偷花贼。

从这故事中也能看出，大花马齿苋的种子可真是细小如铁粉。

①在中国的花语：阳光、积极向上。别名太阳花、死不了。

056

蓍①

Achillea millefolium

菊科

《花期》夏

《花语》战斗、勇敢、治愈

五万年前曾是吊唁用花?

人们曾在伊拉克北部的沙尼达尔洞穴遗址中，发现过一具约五六万年前的尼安德特人骸骨。

在这本不该有植物生长的洞穴中，人们却发现了大量植物花粉。

①在中国的花语：安慰、治疗。别名千叶蓍。

为什么花粉会出现在洞穴中，至今仍是未解之谜。

一个可能的理由是，当时的人们为了凭吊死者，在洞穴中供奉了花朵。

尼安德特人失去亲友的悲伤，也许与生活在今天的我们是一样的，而在这个遗迹发现的花粉中，数量最多的，便是蓍的花粉。

057

夹竹桃①

Nerium oleander

夹竹桃科

【花期】夏

【花语】切勿大意、危险、注意

给广岛带来勇气的复兴之花

夹竹桃是日本广岛市的市花。

1945年8月6日，广岛市被原子弹炸成一片焦土。

这片土地被预言75年内将寸草不生。

而最先打破这一预言，在广岛

绽放出鲜艳花朵的，便是夹竹桃。

这样的花儿，给广岛的人们带来了多大的勇气啊！

又为广岛的复兴带来了多大的动力啊！

无论历经多少岁月的洗礼，夹竹桃都不忘在每年8月的酷暑中吐露芬芳。

几十年间，不曾停歇。

①在中国的花语：真挚友情、虚幻美丽、蛇蝎美人。

058

牵牛花①

Ipomoea nil

旋花科

【花期】夏

【花语】爱情、约定

江户时代的品种改良，实比孟德尔更早

据说，江户时代的日本已经出现了黄色牵牛花。

江户时代，园艺风潮席卷整个日本。

在欧洲，园艺只是贵族的享乐；而日本，却是举国上下，连平民在内，都热衷

于园艺，欧洲人对此颇为震惊。

江户时代，日本人就已培育出各样“牵牛花变种”，它们中的绝大多数，都是由那些下级武士培育出来的。

早在孟德尔发现遗传定律以前，江户的武士们就已利用遗传机制培育了出大量新品种。

这着实令人震惊不已。

①在中国的花语：名誉、爱情永固、冷静、平静。别名喇叭花。是中国的传统名花。

059

菟丝子①

Cuscuta

旋花科

花期 夏至秋

花语 低贱

看似绳子，也似绳子一般活着

在人工种植的树木或花草上，有时会缠绕着些许绳状物，远远看去像是“拉面落在上面一样”，那便是菟丝子。

菟丝子虽与牵牛花同为旋花科藤本植物，但它却是一种靠夺取其他植物的营养，以维持自身生长的寄生植物。

菟丝子既没有叶片来进行光合作用，也没有根来吸收养分。

它全身都是茎秆，且并无叶绿素，故而呈现黄白色。

菟丝子的外观状似拉面又像黄色丝线，真是像“绳子”一般活着。

①在中国的花语：战胜困难。菟丝子在中国是爱情的象征。《古诗十九首》中有云，『与君为新婚，菟丝附女萝。菟丝生有时，夫妇会有宜』，展现了新婚的愉悦。

060

向日葵①

Helianthus annuus

菊科

《花期》夏

《花语》憧憬、热情、我的眼中只有你

面向太阳是生长的证明

在日语中，向日葵之名意为“绕太阳旋转”，皆因向日葵会追随太阳转动而得名。

此花的英文名称为“Sunflower”，意为太阳花。

德文名称为“Sonnenblumen”，同样意为太阳之花。

法文名称为“Tournesols”，意为朝向太阳。

它的学名“Helianthus”，其实也有太阳花之意。

向日葵原产于北美洲草原。

拥有太阳信仰的印加帝国将其视为太阳神的象征，珍而重之。

哥伦布发现新大陆后，向日葵便以“印第安的太阳花”之名传入欧洲。

大多植物都会向阳而生。

向日葵在生长过程中也会将花朵朝向太阳。

不过，已然成熟的向日葵，是不会再随太阳的移动而旋转的。

①在中国的花语：光明、热烈、忠诚、阳光、积极向上。

061

木曼陀罗①

Brugmansia

茄科

花期　仲春至秋

花语　敬爱、伪装、谎言的魅力

白色花朵乃天降吉兆

木曼陀罗原产于热带地区，与曼陀罗为近缘植物。

曼陀罗开的花与牵牛花极为相似，但二者的亲缘关系其实较远。

曼陀罗为茄科，牵牛花则是旋花科植物。

曼陀罗又称“曼荼罗华”。

佛教中，天降四华[2]为大吉之兆，其中之一便是开着白花的曼陀罗。

另外，四华中色红者，便是前文已提到过的石蒜（曼珠沙华）。

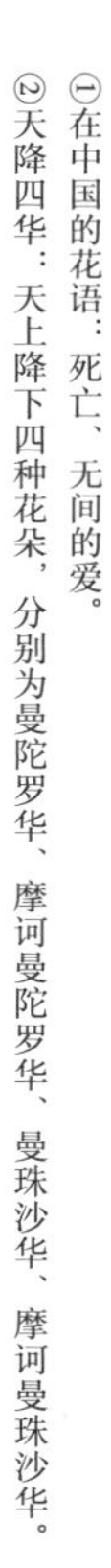

①在中国的花语：死亡、无间的爱。

②天降四华：天上降下四种花朵，分别为曼陀罗华、摩诃曼陀罗华、曼珠沙华、摩诃曼珠沙华。

062

紫茉莉①

Mirabilis jalapa

紫茉莉科

【花期】夏

【花语】胆小、怀疑爱情、内向

色彩太过丰富，让孟德尔都束手无策

紫茉莉的英文名称为“Four-o'clock”，意为下午四点，因其在傍晚开始开花而得名。

它在日本还有一个别名叫“夕妆”，这源自其艳丽的特点。

紫茉莉种子中有粉状胚乳，孩子们很喜爱将其涂在脸上作为装饰，因此它在日本也被称为“白粉花”（在日语中，“白粉”有妆粉之意）。

据说，孟德尔觉得紫茉莉的色彩实在太过丰富，用它来研究遗传定律恐过于复杂，因而最终没有选择它作为研究对象。

紫茉莉也留下了这般逸事呢。

①在中国的花语：贞洁、质朴。

063

凤仙花①

仅仅只是稍稍触碰，

它就会……

凤仙花的学名“Impatiens”，在拉丁语中意为不耐烦。

它的花语之一亦是“别碰我”。

Impatiens balsamina

凤仙花科

花期 夏

花语 急躁、别碰我

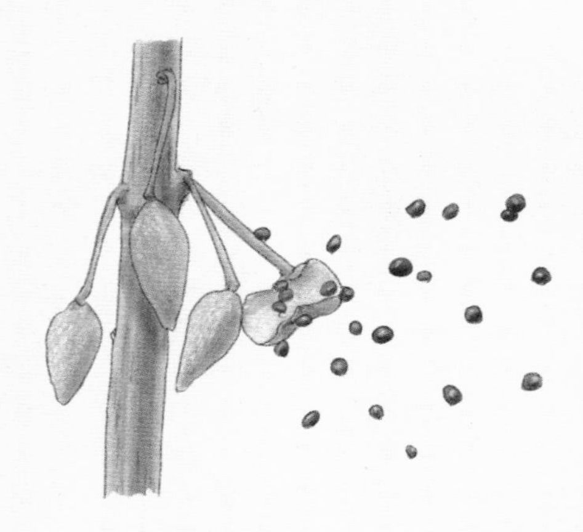

凤仙花的果实成熟后，仅仅只是稍稍碰触就会迫不及待地自动裂开，将种子四处弹射。

它不耐烦的样子像极了生活中那些急躁的人。

在日本，凤仙花还有个别名“爪红”。

这别名的来源，是古人会将它作为染料染红指甲。

①在中国的花语：别碰我、怀念过去。在中国，少女们经常使用凤仙花的花瓣来染红指甲，故凤仙花又有『指甲花』之称。

064

桔梗①

秋之七草之一，如今在野外却难觅其踪

日本人非常熟悉秋之七草之一桔梗。

可现如今，人们在野外却很难再发现它的踪影。

山林环境已经被破坏到如此地步了吗？

《万叶集》中，桔梗被称为“朝颜之花”。

现在，人工种植的园艺桔梗也仍在给我们带来十足的视觉享受。

Platycodon gradiflorus

桔梗科

【花期】夏至秋

【花语】不变的爱、气质、真诚

“秋之七草”之“秋”，是指农历中的秋天。

桔梗的花期原在夏日结束、立秋过后，但现如今品种改良，从春到秋皆可开花。

在《万叶集》的时代，桔梗也被称为“阿利乃比布歧”，意为“蚂蚁吐火”。

桔梗花虽在花青素的作用下呈紫色，但花青素却有遇酸变红的特性。

因此当蚂蚁将桔梗花运入蚁穴，啃噬花瓣，它们分泌出的蚁酸便会使花瓣被咬过的部分变红。

这场景，看起来真是如同蚂蚁在吐火一般。

①在中国的花语：永恒的爱、无望的爱。

065

胡枝子①

Lespedeza

豆科

【花期】夏至初秋

【花语】忧心、内向、柔软

萩属豆科，荻属禾本科

胡枝子是秋之七草之一。

在日语中，它的汉字名写作“萩”。

它是代表秋天的花草，古人遂在“秋”字上加草字头为它命名。

而另一种植物“荻”与“萩”的字形极为接近。

不过荻却是禾本科植物，外观与芒草相似。

“荻”字的结构是草字头下反犬旁加“火”字。

“狄”字意为放火逐兽，给人以“推向一旁”的感觉。

据说，荻是因为会被风吹得倒向一旁，才得了这个字为名。

①在中国的花语：害羞、沉思、优雅美丽却又孤寂。

066

丹桂①

Osmanthus fragrans var. *aurantiacus*

木樨科

【花期】秋

【花语】谦逊、真诚、高雅的人

只要喜欢的人也喜欢我便好……

丹桂的一大特点就是其独特浓郁的花香。

孩子们有时会称这种香气为“洗手间的气味”，大概是因为芳香剂中常添加丹桂成分吧。

植物之花之所以会散发香气，是因为希望吸引昆虫前来帮忙传播花粉。

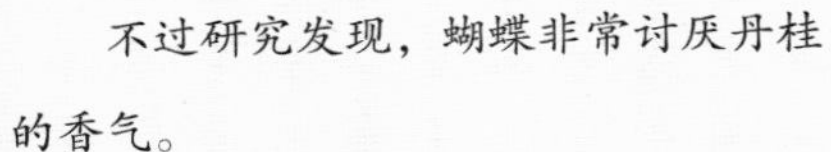

不过研究发现，蝴蝶非常讨厌丹桂的香气。

因此，丹桂的香气可能同时兼具两种作用：

一是吸引能帮自己传播花粉的昆虫，二是赶走不能帮自己传播花粉的其他昆虫。

①在中国的花语：高雅、高贵。在中国古代，丹桂（折桂）经常用来比喻登科及第。

067

乌头①

Aconitum

毛茛科

【花期】夏至秋

【花语】骑士道、荣誉、不愿见人

毒性甚烈，可使中毒者表情扭曲、形容丑陋

人们都知道乌头含有剧毒，却依然把它种在家中装点秋日的庭院。

乌头自古以来就是闻名世界的毒药，史前人类已把它涂在箭头上制成毒箭。

日本歌舞伎名剧《东海道四谷怪谈》②中，女主角阿岩饮下的毒药便是由乌头制成。

在西方则有这样的传说：食用乌头会变成狼人。

在日本，乌头还有个别名“丑八怪”。

中了乌头毒的人会痛苦到表情扭曲、形容丑陋，于是它便得了“丑八怪”这个名字。

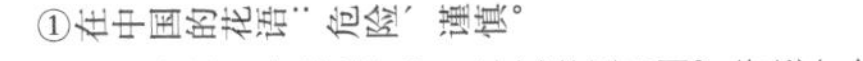
①在中国的花语：危险、谨慎。

②《东海道四谷怪谈》：日本歌舞伎名剧，讲述一个被丈夫抛弃并杀害的苦命女子阿岩化作怨灵复仇的故事。

068

一串红①

Salvia splendens

唇形科

【花期】初夏至秋

【花语】尊敬、智慧、家人之爱

花香能帮女孩看到未来的丈夫

一串红的花鲜红似火，且花期很长，常开不败，所以自古以来人们就把它当作生命力的象征。

人们相信，一串红能提高精神力量、抚平悲伤、驱散邪祟。

一串红的名字，源于拉丁语中意为“健康、安全、治愈”的单词。

此外，据说一串红的花香，具有让年轻女性看到未来丈夫的力量。

①在中国的花语：恋爱的心、喜庆祥和、家族的爱。

069

波斯菊①

Cosmos

菊科

【花期】秋

【花语】和谐、谦逊、少女的纯真

如果想用它来进行花占卜，
请千万记住……

波斯菊的学名“Cosmos”意为宇宙。

这个单词原是秩序、和谐之意，其后逐渐开始代指宇宙。

欧洲人第一次见到这种原产于墨

西哥的植物时，因其具有和谐、秩序之美，于是用“Cosmos”一词为它命名。

波斯菊有八片花瓣，花瓣数量为偶数，所以若是用它来进行花占卜，在撕下第一片花瓣时，请记得千万不要默念“爱我”。

①在中国的花语：怜惜眼前人。

070

银杏①

Ginkgo biloba

银杏科

花期 春

花语 庄严、长寿、镇魂

草食恐龙喜欢它的味道?

银杏早在三亿年前便扎根地球，比恐龙出现得还要早。

恐龙时代，有许多与银杏亲缘关系较近的植物在地球上繁茂生长，可它们中的大多数都已渐渐灭绝，只留银杏一种繁衍至今。

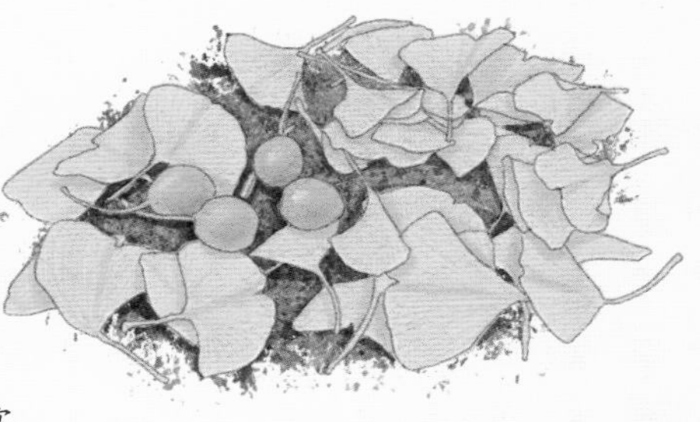

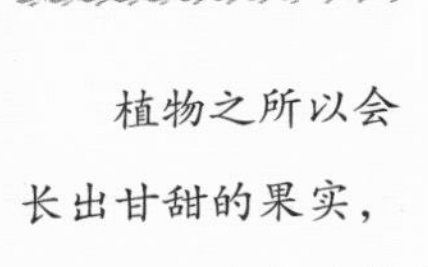

植物之所以会
长出甘甜的果实，
是为了让鸟类吃掉果实，
帮助自己把种子撒往各处。

或许可以认为，银杏之所以会孕育出带有臭味的果实，是因为这种味道其实是早已灭绝的草食恐龙的最爱吧。

①在中国的花语：长久守护的爱、坚强不屈的精神、沉着稳定的魅力。银杏是中生代孑遗的稀有树种，系中国特产。

071

柊树①

Osmanthus heterophyllus

木樨科

花期 秋至冬

花语 小心翼翼、先见之明

随着岁月流逝，尖刺也变圆滑

在日本，每年立春前一日，是迎接春天、驱邪避恶之日。

这一天人们会举行各种各样的仪式，抛撒烘炒过的豆子就是其一，把炒熟的沙丁鱼插在柊树枝头也是此时节的风俗。

据说沙丁鱼的臭味和柊树叶上的尖刺可驱散鬼魅。

但，只有年轻柊树的叶片上才长有尖刺，年长柊树叶片上的尖刺则已消失。

随着岁月流逝，柊树叶片原有的尖刺也会逐渐变得圆滑。

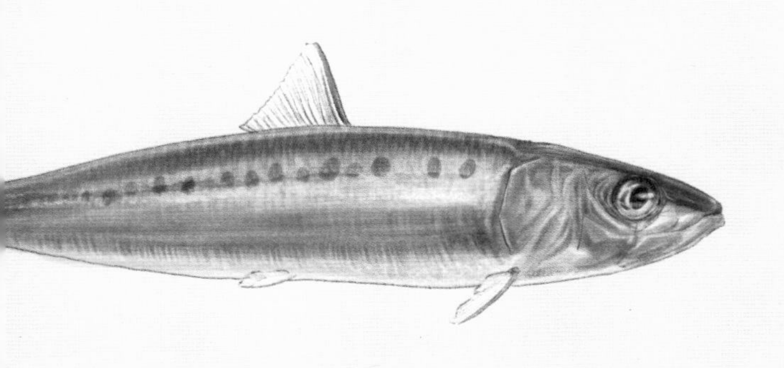

①在中国的花语：小心谨慎、保护、先见之明。别名刺桂。

072

南天竹①

Nandina domestica

小檗科

【花期】初夏

【花语】日渐浓烈的爱情、吉祥、家庭和睦

逢凶化吉的转运植物

在日语中，南天竹的汉字名写作“南天”。

在中国，南天竹有一个别名“南天烛”，因其红色果实状似烛火而得名。

而当南天烛这个名字传到日本后，由于日语中“南天”二字与意为逢凶化

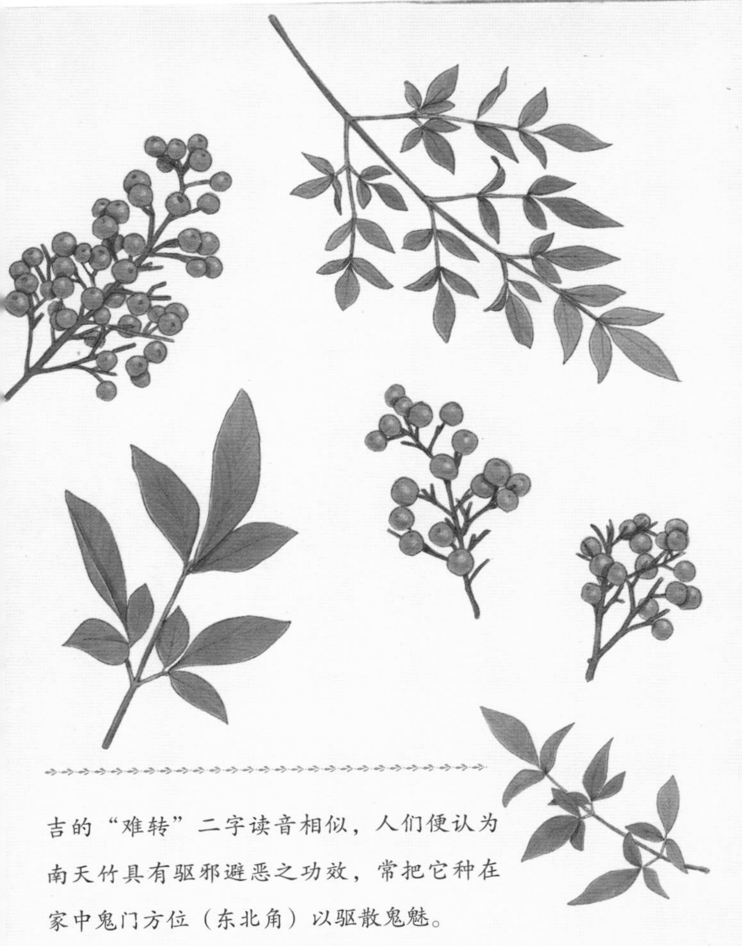

吉的“难转”二字读音相似，人们便认为南天竹具有驱邪避恶之功效，常把它种在家中鬼门方位（东北角）以驱散鬼魅。

其实南天竹含有杀菌物质，而鬼门所在东北方位一般日照较差，易形成潮湿环境。

因此，人们或许是为了杀菌才在家中东北角种植南天竹也未可知。

①在中国的花语：长寿、吉祥、好兆头。南天竹的红色果实一般会成串出现，中国人认为这象征着家和万事兴。

073

山茶花①

Camellia japonica

山茶科

花期 冬至春

花语 含蓄优雅、骄傲

整朵花从枝头齐齐落下，令武士欣赏的决绝之姿

据说山茶花凋落时，整朵花会从枝头齐齐落下，令人联想到人头落地，很不吉利。

然而这是近代才有的说法。

武士住宅和日式寺院中往往都会植有山茶花。

古时人们认为冬日常青的山茶花是一种神圣的植物。

在武士统治时期（12—19世纪），山茶花因其凋落时不会片片飘散，而是整朵花从枝头齐齐落下，颇有决绝之态而被人欣赏。

山茶花之所以会“决绝凋落”，自有其原因。

它一般在昆虫较少的冬季开花，依靠鹎、绣眼鸟等鸟类来传播花粉。

之所以开出艳丽的红色花朵，也是因为这种颜色更容易吸引鸟类注意。

然而，鸟类并不喜欢脸上被沾满花粉，所以会用鸟喙在花朵侧面啄开一个洞，从洞中吸食花蜜。

山茶花为了不被鸟类偷食花蜜，便在花朵根部长出坚硬的花萼。

在坚硬花萼的支撑下，山茶花凋谢时，花瓣便不会片片飘散，而是整朵花一齐落下。

①在中国的花语：谦让高洁、理想的爱。山茶花原产自中国，后相继被引种至日本、欧洲等地，成为世界范围内的名花。

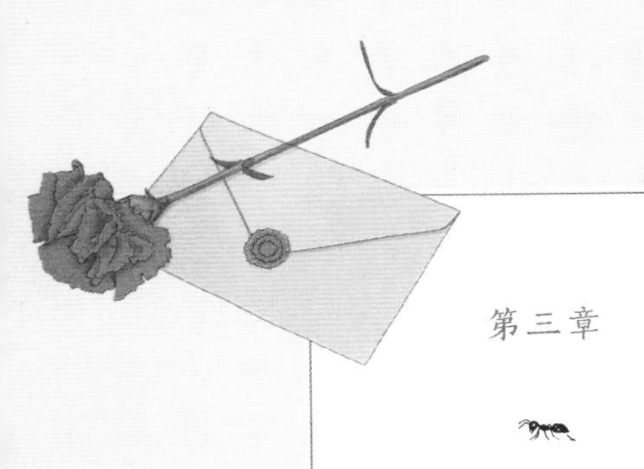

第三章

花店常见花草

074

侧金盏花①

Adonis ramosa

毛茛科

【花期】早春

【花语】带来幸福、幸福

虫儿盼春取暖

在日本，侧金盏花被称为“福寿草”，也叫“元日草”。

它在寒冷的正月绽放花朵，令人联想到春天的到来，也是幸福的象征。

不过，它的花期其实是农历正月初一，大致在公历二月前后。

所以，现在人们会将侧金盏花种在大棚中，人工催熟，以保证元旦时它能在花店中亮相。

侧金盏花不产花蜜，但它像天线锅一般的花形，却可以将太阳光汇聚到花朵中心，吸引那些渴望温暖的虫子助其传粉。

①在中国的花语：回忆、坚忍、执着。

075

紫罗兰①

Matthiola

十字花科

《花期》春

《花语》永恒的爱、爱的羁绊

华丽的重瓣惹人爱

紫罗兰是十字花科植物。

它本应与同为十字花科植物的油菜花一样，展四枚花瓣，开单瓣花，但实际上紫罗兰却能开出华丽的重瓣花，令人爱不释手。

重瓣紫罗兰的雄蕊和雌蕊都已退化成花瓣，所以不会结种。

如果种下单瓣紫罗兰，再将它结出的种子再次种下，那么一半会开出单瓣花，另一半则会开出重瓣花。

植物学家业已对紫罗兰进行品种改良，使得重瓣紫罗兰甫一发芽，叶片上便带有缺刻，如此一来，在育苗阶段便能提早分辨出单瓣花与重瓣花了。

①在中国的花语：永恒的美与爱、质朴、美德。

076

大丁草①

Gerbera

菊科

【花期】春、秋

【花语】希望、神秘、挑战

毕业典礼上学生送给老师的花

大丁草是赠答用花束中的常用花。

在日本的毕业典礼上，每个学生都会向恩师赠送一束大丁草。

不同颜色的大丁草有着不同的花语。

黄色大丁草的花语是容易亲近、温柔。

橙色大丁草的花语是冒险精神、神秘。

白色大丁草的花语是希望、纯洁。

粉色大丁草的花语是关怀、感谢。

红色大丁草的花语是前进、挑战。

①在中国的花语：幸福、相互关怀、坚韧不拔。

077

虞美人①

Papaver nudicaule

罂粟科

【花期】春

【花语】伪装、关怀、爱情的预感、阳光温柔

在欧洲，它是麦田中的杂草

日语中，园艺植物虞美人被称为“雏芥子”。其实虞美人是数种罂粟科植物的总称。

虞美人的英文名称为“Corn poppy”，意为谷田杂草。它拥有美丽的鲜红色花朵，经常出现在各类设计作品中。然而在欧洲，它却不过是生长在麦田中的杂草。

前文曾提到过开着鲜艳蓝色花朵的矢

车菊，它的别名是“Corn flower”，意为谷田之花。其实它也是麦田中的杂草。

过去，虞美人和矢车菊一直被视为麦田中碍事的杂草；可到了今天，它们反而成为无农药种植和有机食品的象征。

此外，在日本的道路两侧，最近常能看到一种开出橙色花朵的罂粟科植物。这种植物名叫长实雏芥子，属外来物种。

罂粟科植物的种子名为“芥子粒”，如其名，这些种子的特征便是数量庞大、个头极小。因此，同为罂粟科植物的长实雏芥子也有着很强的繁殖能力。

①在中国的花语：安慰、奢侈、顺从、悲伤。传说虞姬拔剑自刎后，她的坟墓旁开出了一片美丽的花朵，能迎风舞动，人们认为这是虞姬的魂魄所化，遂称其为『虞美人』。

078

郁金香①

每一朵都美丽

孩子们都很喜欢郁金香。

也许很多孩子一生中记住的第一种植物便是郁金香。

在日本，有一首名为《郁金香》②的童谣深受孩子们喜爱。

童谣的歌词如下：

开花哩，开花哩！

Tulipa gesneriana

百合科

花期　春

花语　关怀

郁金香的花朵，

绽放哩，绽放哩！

红的，白的，黄的，

每一朵，都美丽！

人们已经培育出五颜六色的郁金香，每种颜色的花都一样美，没有高下之分。

郁金香的花，每一朵都美丽。

正是因为色彩斑斓，郁金香才更加绚丽夺目。

①在中国的花语：博爱、体贴、高雅。郁金香的原产地在中国新疆，后由传教士带往欧洲。

②《郁金香》：日本童谣，近藤宫子作词，井上武士作曲。

079

铃兰①

Convallaria majalis

天门冬科

【花期】春至初夏

【花语】幸福归来、纯粹

森林守护神的鲜血流淌过的地方，铃兰悄然盛放

在欧洲，铃兰被视为神圣之花。

森林守护神圣雷奥纳德与可怕的毒蛇大战三天三夜。

最终，圣雷奥纳德虽然成功驱逐了毒蛇，自己却也身负重伤。

据传，在他鲜血流淌过的地方，盛开出无数洁白的花朵。

那便是铃兰。

直到今日，那片森林中的铃兰依旧迎风摇曳，如同胜利的铃铛随风摇响一般。

①在中国的花语：幸福归来。

080

德国洋甘菊①

绽放在人来人往的小道边

德国洋甘菊的花语是“苦难中的力量”。

在日本电影《图书馆战争》中，德国洋甘菊是保卫图书馆的图书队的象征。

其实在德国洋甘菊的原产地欧洲，它生长在极易被人践踏的地方。

Matricaria chamomilla

菊科

《花期》春至夏

《花语》苦难中的力量、清纯

在英国，村庄与村庄之间、村庄与教堂之间，都有名为“Foot path”的小道相连接。

有时，这样的小道也会穿过田地。

这时，人们只要观察哪里长着德国洋甘菊，就会知道哪里是供人通行的小道。

①在中国的花语：越挫越勇、苦难中的力量。

081

香豌豆①

Lathyrus odoratus

豆科

花期 春至初夏

花语 别离、离家独立

《红色香豌豆》，先有此歌才有此花

香豌豆英文名称“Sweat pea”中的“pea”一词，与青豌豆英文名称“Green pea”中的“pea”是同一单词，意为豌豆。

“Sweat pea”则意为“散发出甘甜香气的豌豆”。

香豌豆与豌豆的花朵非常相似。

提到香豌豆，可能很多人都会想到，日本著名女歌手松田圣子的代表作《红色香豌豆》。

香豌豆原本是没有开红花的品种的。

育种家在这首歌曲的启发下，经过不懈努力，终于成功培育出了彤红的“红色香豌豆”。

①在中国的花语：美丽、甜蜜、娇柔、回忆。

082

花毛茛①

Ranunculus

毛茛科

花期 早春

花语 极具魅力

盛放在一个恋情破灭的男人墓前

花毛茛的故事很是悲情。

很久以前，美少年皮格马利翁，与丑男拉南库拉斯是一对挚友。

两人同时爱上了一位姑娘。

后来，姑娘选择了美少年皮格马利翁。

伤心的拉南库拉斯遂离开了悲伤之地。

皮格马利翁很是担心，四处寻找他的下落，却只找到了拉南库拉斯的坟墓——他早已悲伤而死。

而他的墓前却开出了美丽的花朵，这花便被冠以拉南库拉斯（Ranunculus）之名。

花毛茛的故事，便是这样令人悲伤。

①在中国的花语：受欢迎、典雅高贵。别名洋牡丹。

083

风信子①

Hyacinthus orientalis

风信子科

【花期】早春

【花语】（紫色风信子）悲伤

遭人妒忌被杀的美少年，从他的血中开出花来

风信子的学名“Hyacinthus”来源于希腊神话中的美少年雅辛托斯。

据说，太阳神阿波罗非常宠爱雅辛托斯，可西风之神却出于妒忌杀死了他。

从这位美少年的鲜血中开出的花朵便是风信子。

传闻雅辛托斯死后，阿波罗不断发出“Ai Ai”的哀叹，在花瓣上刻下了“Ai”的字样。

这就是风信子花瓣上形如“Ai”的条纹。

①在中国的花语：不同颜色的风信子拥有不同花语，如蓝色风信子的花语是恒心、生命，白色风信子的花语是恬适、沉静的爱，黄色风信子的花语是幸福、美满，等等。

084

康乃馨①

Dianthus caryophyllus

石竹科

花期　春至初夏

花语　纯洁而深刻的爱

它竟是得名于拉丁语中“肉”一词

众所周知，康乃馨是母亲节之花。

美式幽默中，康乃馨也被说成是美国之花。

因为康乃馨的英文名称“Carnation”可拆分为“Car nation”，意为汽车之国，也就是美国。

关于“Carnation”一词的由来众说纷纭。

有人认为它来源于拉丁语中“Carn”（意为肉）一词，因为康乃馨的花色与肉的颜色相近。

这个“Carn”，亦是英语中“Carnival”（意为狂欢节）一词的来源。

①在中国的花语：热情、魅力、真情。

085

石竹①

Dianthus

石竹科

【花期】春至秋

【花语】天真、纯粹的爱、贞洁、大胆

此花是英语中“Pink”(意为粉色)一词的语源

石竹、康乃馨以及有着“大和抚子”别称的瞿麦，三者为同科同属的园艺植物。

石竹的学名“Dianthus”意为宙斯之花。

宙斯是希腊神话中的最高神，石竹因其美丽高贵得到了“神之花”的美称。

石竹有一个别名“Pink”(意为粉色)。

但请注意，石竹并非因花朵是粉色才得到如此别名，而是石竹花朵的颜色就被定义为“Pink”。

换言之，石竹才是“Pink”一词的语源，就像“橙色”一词来源于橙子的颜色一样。

①在中国的花语：纯洁的爱、大胆、积极。石竹是中国的传统名花。宋代政治家、诗人王安石曾在《石竹花二首》中咏道，『已向美人衣上绣，更留佳客赋婵娟』，说明当时已有在衣袍上绣石竹花纹样的习俗。

086

雏菊①

Bellis perennis

菊科

花期 冬至初夏

花语 和平、希望、纯洁、美人

花占卜时用到的“爱情标尺”

在日本，雏菊还有一个古老的别名，“Measure of love”，意为爱情标尺。

少女们在花占卜时经常用到雏菊。

“他喜欢我”“他不喜欢我”“喜欢”“不喜欢”……

每念一句就撕下一枚花瓣，最后剩下的一枚便是占卜的结果。

另外，据说少女闭着眼睛能摘到几株雏菊，她就会在几年后嫁为人妇。

①在中国的花语：纯洁的美、天真、愉快。

087

风铃草①

Campanula

桔梗科

花期　初夏

花语　感恩、诚实、节操

苹果园美丽少女的名字

宫泽贤治的童话作品《银河铁道之夜》中有两位主要人物，分别是少年乔班尼和他的朋友康帕瑞拉。

据说这两个名字都来源于基督教高级神职人员之名。

风铃草的学名“Campanula”在拉丁语中意为“小型钟”，它是桔梗科风铃草属所有开出钟形花朵的植物总称。

《银河铁道之夜》中亦有风铃草的身影出现，文中用的是它的别名“吊钟草”。

风铃草中，又有一种学名为“Campanula medium”的园艺品种。

关于此花，流传着这样一个传说：

一位名为坎帕努拉（Campanula）的美丽少女奉命替众神看守苹果园。

有一天，贼人侵入果园偷苹果。

坎帕努拉摇响了颈间的银铃通知众人，自己却被贼人杀死。

花神芙洛拉为少女的死而悲伤，于是把少女的尸体变成鲜花。

这花便是风铃草。

①在中国的花语：嫉妒、感恩、包容、温柔、创造力。

088

金鱼草①

Antirrhinum majus

玄参科

花期 春

花语 健谈、爽朗

是金鱼？是龙首？还是……

金鱼草的花朵形似金鱼，故而得名“金鱼草”。

其花的形状亦似龙首，所以英文名称为“Dragon flower”，意为龙花。

金鱼草的花很是娇俏可人，可当花朵凋落后，它的种荚却画风一转，变得像骷髅一样恐怖。

因此，古人认为种植金鱼草可以帮助自己摆脱诅咒、魔法等灾祸。

①在中国的花语：活泼热闹、力量。其实，所谓『骷髅』是金鱼草干枯的种荚。金鱼草的种子成熟后，子房上会打开小孔让种子脱出。种子全部脱落后，留在花枝上的就只有一个个『骷髅头』了。

089

木茼蒿①

Argyranthemum frutescens

菊科

花期　除盛夏及严冬以外，全年开放

花语　爱情占卜、信赖、真诚的爱

如何得到“喜欢”这一答案？

花占卜中，常会用到木茼蒿。

因木茼蒿的花瓣数量，多为奇数的21枚，所以如果花占卜时从“喜欢”开始，一枚一枚花瓣数下去，最后一枚也定会停在“喜欢”之上。

然而，木茼蒿的花瓣数量，其实

也会随营养条件的变化而发生改变，亦可能出现长有偶数枚花瓣的花朵。

若是不幸拿到这样的花朵来占卜，大概那段爱情也难以开花结果吧。

①在中国的花语：骄傲、满意、喜悦。木茼蒿的花期较长，所以尤其当早春其他花朵尚未开放时，我们常能在盆栽中看到它的身影。

090

蔷薇①

Rosaceae

蔷薇科

《花期》春至初夏

《花语》爱、美

为委身于人，才生出尖刺

你会写“蔷薇”这两个字吗?

蔷薇之名中，“蔷”与“薇”二字虽都是草字头，然则它们分别指代的，其实是两种不同的植物。

在日语中，“蔷”指一种草花，名蓼，“薇”则指一种野菜，名紫萁。

蔷薇之“蔷”字原本的意思是细长延展，而“薇”字在日本指紫萁，在中国则指豆科植物野豌豆。

其实，很多与蔷薇亲缘关系较近的植物都呈现半蔓性，需攀附其他植物方能向上生长。

蔷薇之所以会生出尖刺，也是为了牢牢抓住其他植物。

有细长延展之意的“蔷”，和指代藤蔓植物的“薇”二字结合，这才有了“蔷薇”这个名字。

①在中国的花语：热恋、爱情、爱的思念。蔷薇原产自中国，受到历代文人墨客的喜爱。如『水晶帘动微风起，满架蔷薇一院香』一句，便描绘了初夏时节蔷薇盛开的景象。

091

满天星①

Gypsophila elegans

石竹科

【花期】初夏

【花语】幸福、纯净的心、永恒之爱

虽不是主角，
花束中却少不得它的身影

满天星的花朵纤弱细小。

一束花里，满天星总是陪衬者，好使其他花朵更为惹眼，可若没有它，便又总觉得少了点什么。

它实是花束中不可或缺的存在。

想必很多人都为这样的满天星所倾倒吧。

满天星的英文名是“Baby's breath”，意为“婴儿的呼吸”或“爱人的呼吸”。

它的花语是纯净的心、永恒之爱。

实在是一种兼具低调与美丽的花儿。

①在中国的花语：思念、纯洁的爱、不可或缺。

092

马蹄莲①

Zantedeschia
天南星科
【花期】初夏
【花语】少女的端庄、清纯

看似花瓣的部位其实是……

美丽又高贵的马蹄莲，实为天南星科植物。

它的花朵，与在日本并不常见的芋头和魔芋的花朵十分相似。

江户时代，马蹄莲从荷兰传入日本。

那时的它被称为“海芋”，意为海外到来的芋。

马蹄莲那看似白色花瓣的部分，实则是变态叶，真正的花，其实是中心那黄色棒状的部分。

①在中国的花语：高雅、高贵、纯洁。

093

百合①

Lilium

百合科

《花期》夏

《花语》纯粹、无瑕、威严

从日本走向世界的美丽花朵

一支百合便能把花束装点得美丽又豪华。

百合品种众多，有麝香百合杂种系的金号角百合，山百合和鹿子百合杂种系的东方百合，亦有毛百合杂种系的亚洲百合。

然则它们的原生种，其实全都生于亚洲。

在欧洲，百合被广泛用于纹章图案，被视作复活节之花，也被视作圣母玛利亚之花。但欧洲的原生百合数量极为有限。

当亚洲各样的原生百合被引入欧洲，欧洲人才培育出了诸多新品种。

百合中最具代表性的香水百合，便是由日本山百合改良而成的品种。

①在中国的花语：顺利、心想事成、祝福、高贵。诗人陆游曾吟咏道，『更乞两丛香百合，老翁七十尚童心』，正是在咏叹百合。

094

欧丁香①

Syringa vulgaris

木樨科

【花期】春

【花语】回忆、友情

在宝冢歌剧团②的代表性曲目中改名换姓

欧丁香原产于欧洲，喜温凉，是日本北海道地区常见的行道树。

说起来，日本人或许对欧丁香的法语名“利拉”更为熟悉。

宝冢歌剧团有一首代表歌曲，名为《堇花盛开时》，它的原曲便是法国歌曲《白色利拉盛开时》。

不过欧丁香（利拉）在日本并不常见，于是宝冢歌剧团便把歌中的欧丁香（利拉），替换成了日本人更为熟悉的堇。

①在中国的花语：思乡。

②宝冢歌剧团：在日本乃至世界都极负盛名的大型舞台表演团体，所有团员均为未婚女性。

095

洋桔梗①

Eustoma grandiflorum

龙胆科

【花期】夏

【花语】优美、清新之美

为何名为“土耳其桔梗”？

在日语中，洋桔梗的名字意为“土耳其桔梗”，最近也有些日本人开始使用它的学名“Eustoma”，或过去的学名“Lisianthus”来称呼它。

其实，它既不源自土耳其，也并非桔梗科植物。

洋桔梗原产于北美洲，植物学分类隶属龙胆科。

无人知晓，为何其名为“土耳其桔梗”。

或许是因其花色近于土耳其石②，花形近于土耳其人佩戴的头巾吧。

①在中国的花语：不同颜色的洋桔梗有不同的花语，如粉色洋桔梗的花语是永恒的爱、无望的爱，紫色洋桔梗的花语是永不改变，绿色洋桔梗的花语是坚强、自信。

②土耳其石：一般指绿松石。

096

大丽花①

Dahlia

菊科

【花期】夏至秋

【花语】华丽、优雅、见异思迁

愿你只属于我

拿破仑一世的皇后很喜爱大丽花。

她命人收集各种珍稀品种的大丽花，种在皇宫花园，时常得意地向人展示这些美丽盛开的花。

可皇后的侍女也被这些花儿深深吸引，终有一天，她按捺不住内心的愿望，

偷走了大丽花，将它们种在了自己的花园里。

皇后看到侍女家花园中的大丽花后，却突然完全丧失了对此花的兴致。

大丽花的花语“见异思迁”，不知是否与这故事有着千丝万缕的关联。

①在中国的花语：吉利、富贵、背叛。

097

天竺葵①

Pelargonium

牻牛儿苗科

【花期】春、秋

【花语】尊敬、信赖、有教养

①在中国的花语：思念、相遇、身边的幸福。

为窗台增色之花

旅行时漫步于欧洲古城，总能在道路两旁的房屋窗台上，看到一盆盆美丽的花朵。

这花便是天竺葵。

昔日的房屋，既没有玻璃窗，也无纱窗，屋里屋外直接贯通。而天竺葵可散发香气，这香气正是蚊虫之流所厌恶的味道。

因此人们会将天竺葵摆上窗台，以期起到驱蚊避虫的效果。

098

菊花①

Chrysanthemum × morifolium

菊科

【花期】秋

【花语】高贵、高尚

名为“妈妈”的品种也大受欢迎

在日本若是提到菊，也许不少人都会联想到葬礼或是墓前供奉的花朵。但以菊花供奉的习俗，其实直到“二战”以后才出现。

人们研发出使菊花四季常开的栽培技术，菊花遂因其保存时间长之优势，成为常见的供奉用花，并大受欢迎。

最近有人培育出名为“Mum”（意为妈妈）的菊花新品种，这名字源于菊花学名“Chrysanthemum”的词尾。

英语中“Mum”意为母亲，因此在澳大利亚，也有很多人会在母亲节当天向母亲赠送菊花。

①在中国的花语：悲伤、爱、尊敬、哀思。菊花原产自中国，是中国十大名花之一。《离骚》中已有『夕餐秋菊之落英』之语，陶渊明『采菊东篱下，悠然见南山』一句更是成为老少皆知的千古名句。

099

猴面包树①

Adansonia

木棉科

花期　夏

花语　无

大隐隐于店头

猴面包树原产于非洲。

远远看去，它的树枝就像是伸向天空生长的树根一般，所以又被称为“Upside-down tree”，意为上下颠倒之树。

在圣-埃克苏佩里的作品《小王子》中，猴面包树被描绘成一种邪恶的植物，它伸展根系，把小小的星球搅得支离破碎。

据说猴面包树的树龄可达数百年甚至上千年，且其高可通天。

然而在地球这颗行星上，在日本的花店里，它却蜷缩在小小的花盆中，伪装成与世无争的观叶植物。

①据说猴面包树之所以得名，是因为其果实的口感近于面包。

100

捕蝇草①

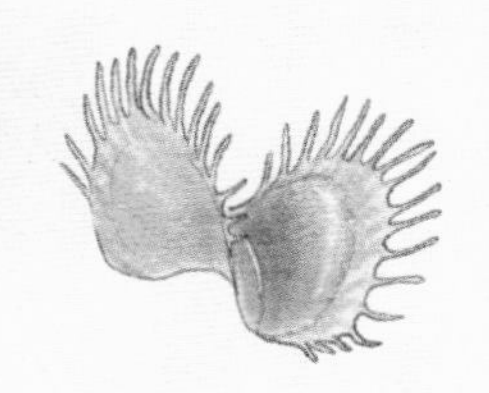

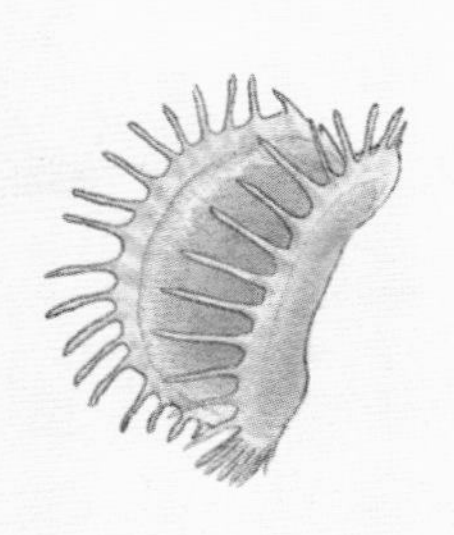

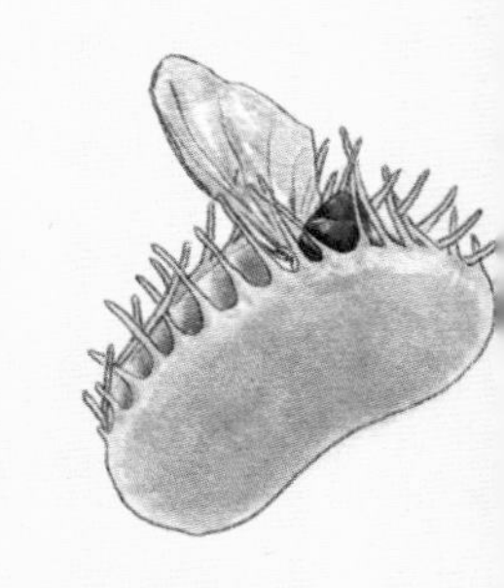

Dionaea muscipula

茅膏菜科

《花期》初夏

《花语》富有魔力的爱、谎言

身手矫健、头脑聪慧的捕食者

捕蝇草是一种捕食虫子的食虫植物。

在日本它还有个别名，叫“苍蝇地狱”。

捕蝇草能快速闭合两枚叶片，把虫子夹在中间，让虫子无路可逃。

出于好奇，我曾反复把虫子放入叶片中，让捕蝇草捕食，可后来捕蝇草却渐渐

①在中国的花语：天然的智慧、狡黠的地狱。

疲惫，不愿再闭合叶片。

莫不是，它发现自己是被我欺骗了吧？

捕蝇草的叶片内侧长有小小的尖刺，这些尖刺便是它的传感器。

为了不把落下的水滴误判为虫子，只有当30秒内感受到2次碰触时，捕蝇草才会把触碰对象识别为虫子，迅速闭合叶片。

101

捕虫堇①

Pinguicula vulgaris

狸藻科

花期　春至夏

花语　宣告幸福、欺骗的味道

唯愿如普通植物一般活着?

捕虫堇的花虽与堇相似，可它却并不属于堇菜科，而是狸藻科的食虫植物。

捕虫堇的叶片表面，会分泌一种含有消化酶的黏性物质，可将虫子抓住并溶解。

食虫植物总是给人以可怖的印象。

然而其实食虫植物大都生存在土壤贫瘠、营养匮乏之所，只能靠吃虫子勉强维生，实则是意志坚忍不拔的植物。

要捕到虫子绝非易事。

所以，若是无需吃虫子就能好好生存的话，想必，捕虫堇也定是希望像普通植物一般活着吧。

102

生石花①

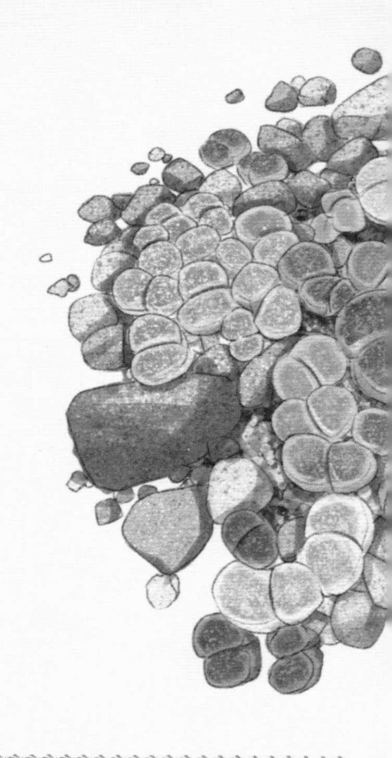

Lithops

番杏科

【花期】冬

【花语】特殊的魅力、小心翼翼

“活宝石”的华丽伪装

生石花是一种观叶植物，它也被誉为“活宝石”。

观其姿态，与其说它是植物，不如说它更像石头。

而在状似石头的两枚叶片间，却赫然绽放着美丽的花朵。

生石花的原产地，是植物稀少的干旱地带。在那里，食草动物四处搜寻着少之又少的植物。

正是为了不被这样饥饿的动物吞食，生石花才把自己伪装成石头的模样。

①在中国的花语：顽强，也用来比喻坚定不移的爱情。

103

仙客来①

Cyclamen persicum

报春花科

〖花期〗冬至早春

〖花语〗客气、害羞

惹人同情的名字

仙客来在日语中的正式名称意为“猪的包子”。

在欧洲，由于野猪喜爱食用仙客来的球根，这种植物遂被命名为“猪的面包”。

而当这个名字传入日本，则被译为“猪的包子”。植物学家牧野富太郎觉得，这名字实在太不像样，故提议将这种状若燃烧着的篝火的花，改名为“篝火花”，但他的提议却没有引起太大反响。

到如今，日本人一般使用仙客来的学名“Cyclamen”，而不再使用“猪的包子”这个惹人同情的名字了。

①在中国的花语：内向、腼腆。仙客来这个中文名称，既是其学名『*Cyclamen*』的音译，又有仙客来访的美好寓意，翻译得出神入化。

104

一品红①

Euphorbia pulcherrima

大戟科

花期 冬

花语 祝福、祈求幸运、圣诞夜

默默忍受严寒，装点圣诞色彩

一品红鲜艳的红花绿叶恰好契合圣诞配色，于是它成了圣诞季不可或缺的盆栽鲜花。

俳句中，一品红也是代表仲冬的季语②。

然而，一品红并没有强大的耐寒性。

它是原产于墨西哥热带草原的热带植物，并不耐寒。

一品红只是为了将圣诞装点得更加华丽，才在寒风中苦苦坚持。

①在中国的花语：绿洲、等待希望、炽热的心。

②季语：日本人在创作俳句、连歌等作品时，会使用一些固定词汇来表达季节之美，这些词汇就被称为『季语』。

105

羽衣甘蓝①

Brassica oleracea var. acephala f. tricolor

十字花科

【花期】春

【花语】祝福、慈爱、用爱将你包围

不求齿颊生香，但求尽态极妍

羽衣甘蓝学名中的“Oleracea”一词，在拉丁语中意为“菜园的”。

其实有一种蔬菜与羽衣甘蓝有着一模一样的学名，那便是卷心菜。

从植物分类学的角度来看，羽衣甘蓝与卷心菜确属同一品种。

江户时代，荷兰人就把卷心菜带到了日本。

然而日本人却并未食用卷心菜，而是将其作为观赏植物不断改良。

于是乎，此后在日本培育出的，便是这羽衣甘蓝了。

①在中国的花语：华美、祝福、如意吉祥。

图书在版编目（CIP）数据

四时花草逐时新：一百零五种花语及故事 / (日)稻垣荣洋著；(日) 小林达也绘；何岑蕙, 丁宇宁译. -- 北京：中国画报出版社, 2023.9

ISBN 978-7-5146-2235-5

Ⅰ. ①四… Ⅱ. ①稻… ②小… ③何… ④丁… Ⅲ. ①花卉—文化 Ⅳ. ①S68

中国国家版本馆CIP数据核字(2023)第128409号

四时花草逐时新：一百零五种花语及故事

[日] 稻垣荣洋 著　[日] 小林达也 绘　何岑蕙　丁宇宁 译

出 版 人：方允仲
选题策划：石曼琳
责任编辑：石曼琳
装帧设计：赵艳超
责任印制：焦　洋

出版发行：中国画报出版社
地　　址：中国北京市海淀区车公庄西路33号
邮　　编：100048
发 行 部：010-88417418　010-68414683（传真）
总编室兼传真：010-88417359　版权部：010-88417359

开　　本：32开（787mm × 1092mm）
印　　张：7.25
字　　数：80千字
版　　次：2023年9月第1版　2023年9月第1次印刷
印　　刷：北京汇瑞嘉合文化发展有限公司
书　　号：ISBN 978-7-5146-2235-5
定　　价：80.00元